JN057347

はじめに

私たちが働く建設業の現場には、幾つもの危険が潜んでいて、どれほど気をつけていても、思わぬことで事故・災害に巻き込まれる場面があるかもしれません。

日頃から、事故・災害を発生させないように努めるとともに、万一、発生した場合に備えておくことも重要です。

本書は、万一の場合を想定して、どのように対処したらよいかをまとめましたので、現場に常備するとともに、各自においても緊急時のシミュレーションをするようお願いします。

この本では、皆さんが日頃から疑問に思っていることについて、丁寧に紐解き、分かりやすく解説していきます。

「あっ」と思うことを満載していますので、是非、実務の参考にしていただければと思います。

本書では、労働者死傷病報告書、事故報告書等の間違えると困るような書式は載せていますが、労災保険の給付に関する書式をすべて載せている訳ではありません。それらの書類はインターネットで検索してみてください。どこにも掲載されていないような書式を主に掲載していますので、是非参考にしてください。

でも、一番いいのは事故・災害を起こさないことです。法令を遵守することはもとより、安全衛生意識の向上を目指してください。

社会保険労務士
朝倉　俊哉

略語表

労基法…………労働基準法
労基則…………労働基準法施行規則
安衛法…………労働安全衛生法
安衛令…………労働安全衛生法施行令
安衛則…………労働安全衛生規則
労災保険法……労働者災害補償保険法
労働者派遣法…労働者派遣事業の適正な運営の確保及び派遣労働者の保護等に関する法律
自賠責法………自動車損害賠償保障法

監督署………労働基準監督署

目次

【こんな場合はどうなるの？】

【書式サンプル集】

1 用語の定義

・事　故 ➡ 人的被害のない物損のことをいう。
火災・クレーン等の転倒等の場合は、監督署への報告が必要
(P44～45、52参照)。

・災　害 ➡ 人的被害のことをいう。

・労働災害 ➡ 労働者の就業に係る建設物、設備、原材料、ガス、蒸気、粉じん等により、または作業行動その他業務に起因して、労働者が負傷し、疾病にかかり、または死亡することをいう（安衛法第２条)。
休業災害については、監督署への報告が必要。
(P44、46～51参照)

・休業災害 ➡ 労働災害のうち、被災者が下記のすべての要件を満たしている日がある災害をいう。
① 療養のためであること
② 労働することができない日であること

・不休災害 ➡ 労働災害のうち、１日も休んだ日がないものをいう（P54参照)。

・私病（わたくしびょう） ➡ 業務上疾病でない、個人的な病気によるものをいう（心筋梗塞、脳梗塞等。ただし、過重労働が原因である場合を除く)。

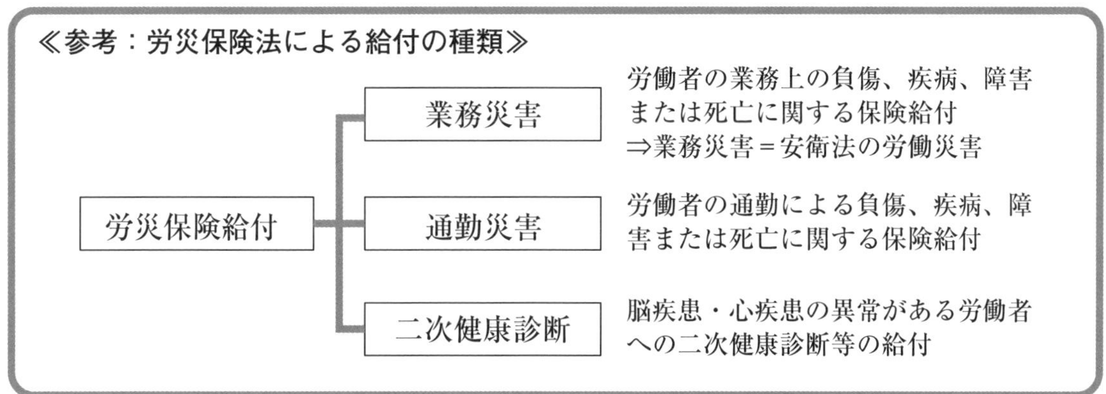

※労災保険法において、保険給付の対象が業務災害、通勤災害、二次健康診断となっているが、安衛法上では、通勤災害は労働災害には含まれない

2 現場での災害発生時の対応について（主な流れ）

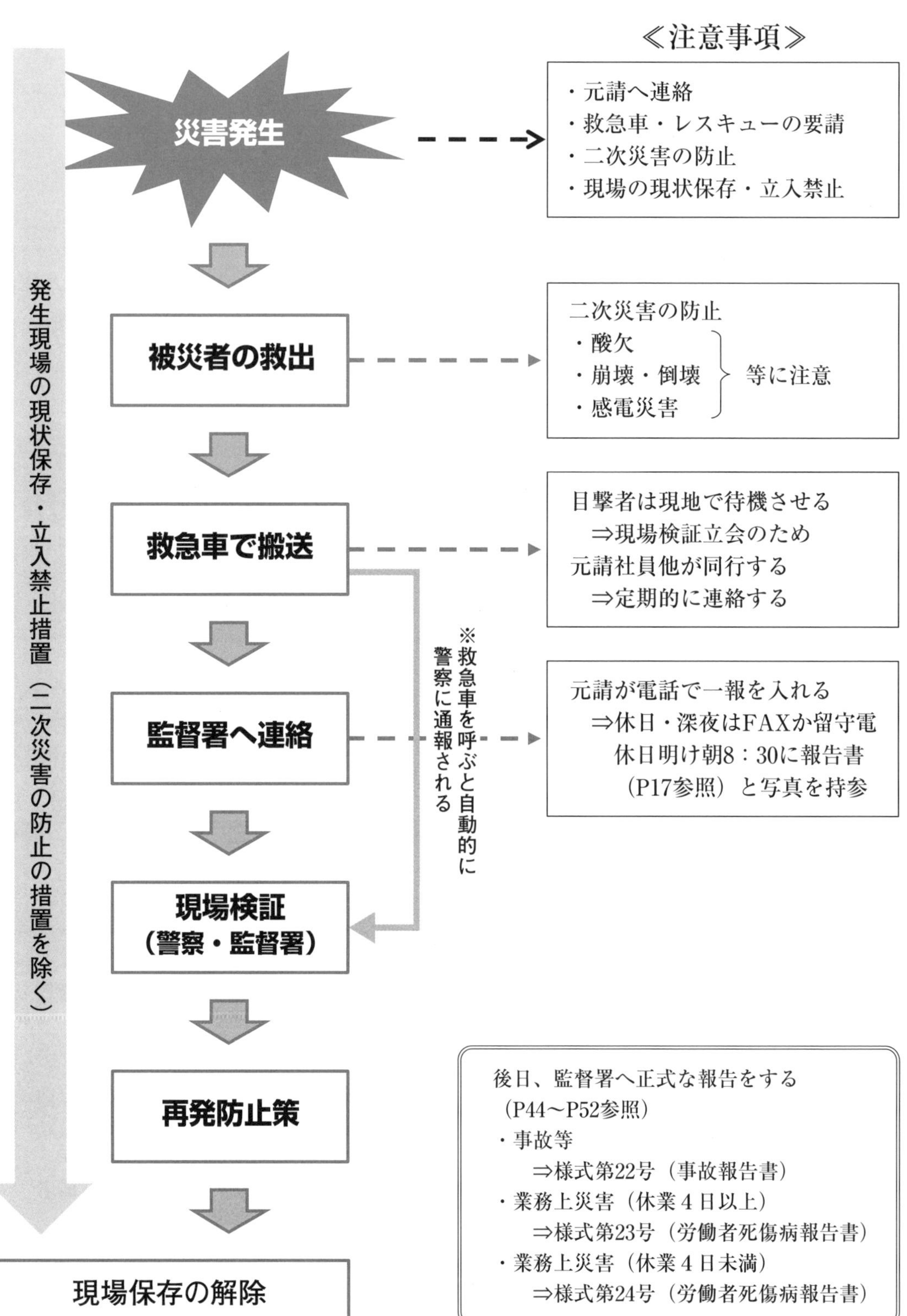

3 労働災害等が発生したら・・・（当日）

①被災者の救出／元請への連絡

◎一刻も早く被災者を救出する。

◎元請に連絡し、以下の手配をしてもらう

・救急車を手配する。

※作業員は、現場の住所までは知らないことが多いので元請が119番通報する（ゲートに人を配置し、被災場所まで誘導させる）。

・日頃から担架を用意しておく。

・工場内等の施主の敷地内での工事の場合、施主にも直ちに連絡する。

・現場での全作業を即刻中止させる。

注意事項

二次災害のおそれのある場所はすぐに助けに行けない。

人を呼ぶこと（場合によってはレスキュー隊を要請する）。

◎酸素欠乏場所

◎崩壊・倒壊のおそれのある場所

◎感電のおそれのある場所

酸欠は一瞬で命を奪う。
酸欠は見えないので危険を感じにくい。
二次災害防止のためにも、酸素欠乏危険場所は、あわてて救助に行かない！
（測定や換気が必要）

ここがポイント

● 心臓と呼吸が止まっている場合、心臓マッサージやAED（自動体外式除細動器）による**救命措置を素早く実施**する。

● 二次災害に遭わないよう、危険な場所であるかどうかを素早く判断する。

②他の作業員も避難させる！

火災・土砂崩壊・出水・なだれが発生した場合は、非常警報装置により、危険を知らせて全員避難させなければならない。

非常警報装置

万一、火災・土砂崩壊・出水等の危険な状態を発見した時は、速やかにこの非常警報装置を使用して全員に危険を知らせること。

(警報音)
警報音は、連続音を鳴らし続けること。

連続音 ━━━━━━━━━━━━

この警報音を聞いた人は、直ちに作業を中止し、あらかじめ定められた方法で緊急避難すること。

≪警報の統一看板のサンプル≫

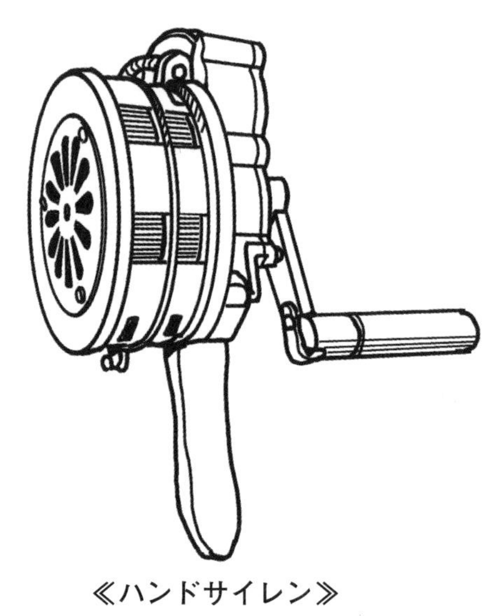

≪ハンドサイレン≫

安衛則第642条（警報の統一等）

特定元方事業者は、その労働者及び関係請負人の労働者の作業が同一の場所において行なわれるときには、次の場合に行なう警報を統一的に定め、これを関係請負人に周知させなければならない。

一　当該場所にあるエックス線装置に電力が供給されている場合
二　当該場所にある放射性物質を装備している機器により照射が行なわれている場合
三　当該場所において発破が行なわれる場合
四　当該場所において火災が発生した場合
五　当該場所において、土砂の崩壊・出水もしくはなだれが発生した場合又はこれらが発生するおそれのある場合

ここがポイント

- 火災や土砂崩壊等のおそれのある現場では、朝礼広場等に、上記のような看板の掲示と**サイレンやハンドマイク**を常備しておく必要がある。
  ➡火災はどこの現場でも発生する可能性があるので、**すべての現場で準備**しておくこと。

③まずは救急車！

自分たちで病院へ連れて行っても、

・すぐに見てもらえない
・必ず担当医がいるとは限らない
・手術室が空いているとは限らない

助かる命も助からない

軽傷の場合を除いて、救急車で搬送する。
被災者の意識がしっかりしていても
「頭を打っている」「腹部を強打している」
「出血多量」「骨が見えている」等の場合は
必ず救急車で搬送する（容態は急変する）。

「迷ったら救急車を選択する」

※救急隊員は、状況を判断し、病院の受け入れを確認してから最短ルートで搬送してくれる。場合によっては、ドクターヘリの手配もしてくれる
※救急車を呼ぶと、自動的に警察に通報される
※意識があって答えられる場合は、救急車内で「氏名、生年月日、住所、連絡先」を聞く（しゃべるのが苦痛のような場合はそっとしておく。その場合は、現場に連絡して氏名等を聞き出す）
➡同乗者が病院ですぐに受付（カルテ作成）をできるようにするため。

ここがポイント

- **目撃者（現認者）は**、同僚であっても必ず**現場に待機**させる。
  - ➡詳しい発生状況を把握するため。
  - ➡また、警察署や監督署からも発生状況を聞かれるため。
- 同僚等が目撃者の場合は、**元請社員・他職の職長・安責者が救急車に同乗**する。
  - ➡同行した者は、被災者の状況に変化がなくても30分おきに現場に連絡を入れる。「容態の変化」「病院への到着」「手術開始」「家族の到着」等、変化があった場合は、30分を待たずに直ぐに現場に連絡を入れる。

救急車を要請する時に伝える内容

①現場で作業員がケガをしたので「救急車」をお願いします。

②住所は、

____

建設　　　　　　　　　　　　工事作業所

③目印は、

____

____

（参考例）
国道○○号線の○○スーパー○○店がある交差点から、100m北に行った所で、左側にある仮囲いが目印です。ゲートから入ってください。ゲート入口に誘導員を配置します。

④負傷者の容態

____

⑤通報者の氏名・電話番号

____

⑥（必要により）レスキュー隊を呼ぶ

あらかじめ現場事務所内にこのような内容を掲示しておくとよい。

救急車が来るまでの応急処置

①けがで出血した時

・清潔なビニール袋等に自分の手を入れ直接血液に触れないようにして、傷の上を清潔なハンカチ等で覆ってから、上から静かに圧迫する。（直接圧迫止血法）

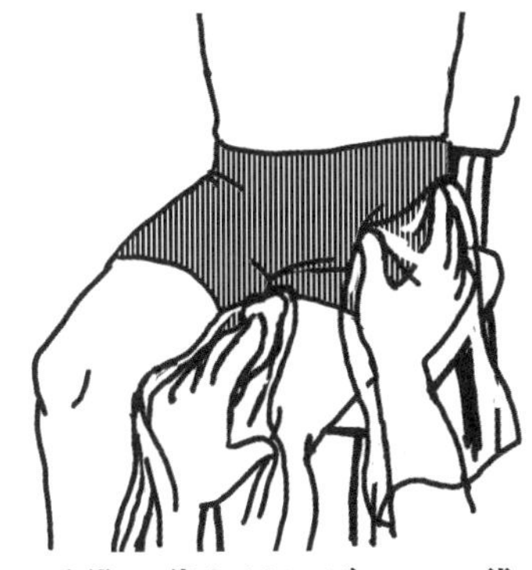
手袋の代わりにビニール袋を利用する

②反応がない時

・息が止まらないように頭を後ろにそらせ呼吸確保と、吐物を詰まらせないために体を横向きにして寝かせる。

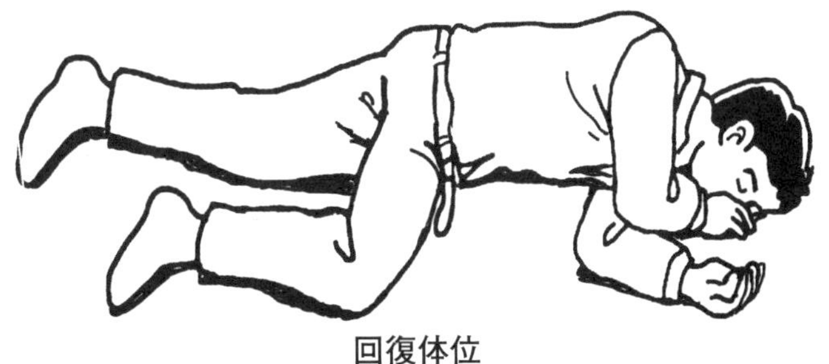
回復体位

③心臓マッサージ（呼吸がないとき）

・胸の真中を押す。
・押す力は5cm沈むまで押す。
・押す早さは、1分間に少なくても100回の早さで行う。
・できれば人工呼吸と交互に繰り返す。
➡直接口対口では行わない。
（人工呼吸は感染防護具を必ず使う）
・医師や救急隊が来るまで続ける。
・AEDがあれば使う。

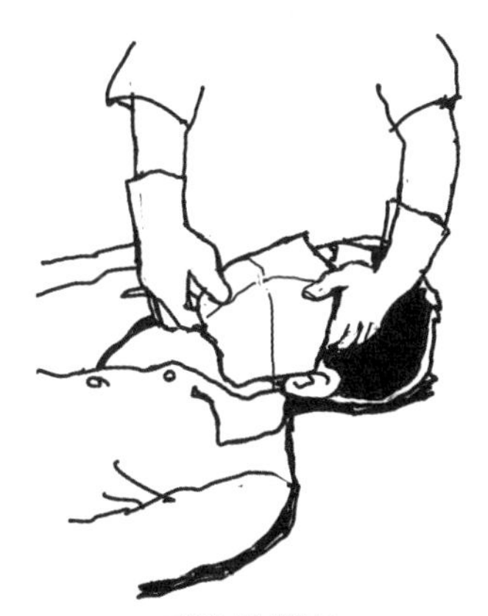
感染防護具
（シートタイプ）

参考：日本救急医療財団心肺蘇生法委員会　監修「救急蘇生法の指針2020（市民用）」より

④災害の発生現場を現状保存する

◎災害が発生したままの状態で必ず保存する。

・後から手すりを付けたり、開口部をふさいだりしない。
（勝手にものを動かしたり、直したりしない）

・被災者のヘルメット、安全帯（墜落制止用器具）を保管しておく。

・カラーコーンやA型バリケード等で立入禁止にする。

・すべての作業を即刻中止させる。

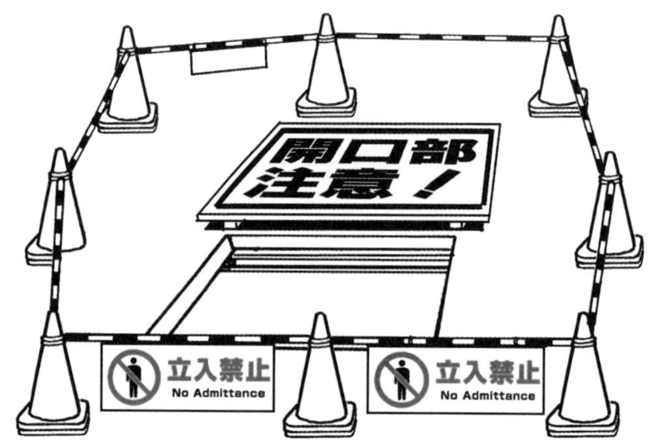

重篤な災害の場合、警察署・監督署の現場検証がある。後から手すりを付けたり、開口部をふさいだりすると改ざんや証拠隠滅と疑われる。

ここがポイント

●倒壊等、差し迫った危険がある場合は、現状を保存せず、二次災害防止の措置を実施する。

➡二次災害防止措置を実施する前に、発生状況がわかるように色々な方向から**数多くの写真を必ず撮る**。

➡始発までに復旧しなければならないような鉄道工事も同様。

●作業開始や現場の保存の解除は、必ず、警察署と監督署の両方の許可を得てから実施する。

➡長い期間にわたり現場の保存を求められることもある。その場合は、災害発生場所以外のエリアについて作業開始をできるように交渉する。

⑤事故現場等の標識の統一、立入禁止等措置

◎次に掲げる事故現場等があるときは、事故現場等を表示する標識を統一的に定めて周知するとともに、立入禁止等の措置を行う。

・有機則、特化則の規定により労働者を立ち入らせてはならない事故現場

・潜函工法その他の圧気工法による作業を行うための大気圧を超える気圧下の作業室、気こう室

・酸素欠乏危険場所または酸欠則の規定により、労働者を退避させなければならない場所

他

≪事故現場等の標識の統一看板のサンプル≫

有機溶剤事故・酸欠事故が発生し、以下の掲示があった場合、その指示に従うこと

有機溶剤により汚染される事故が発生中
全員
立入禁止

酸　欠
事故が発生中
全員
退　避

※朝礼広場等に、この看板を掲示し、統一を図ること

安衛則第640条（事故現場等の標識の統一等）

特定元方事業者は、その労働者及び関係請負人の労働者の作業が同一の場所において行われる場合において、当該場所に次の各号に掲げる事故現場等があるときは、当該事故現場等を表示する標識を統一的に定め、これを関係請負人に周知させなければならない。

一　有機則第27条第２項本文（特化則第38条の８において準用する場合を含む。）の規定により労働者を立ち入らせてはならない事故現場

二　高圧則第１条の２第４号の作業室又は同条第５号の気こう室

三　電離則第３条第１項の区域、電離則第15条第１項の室、電離則第18条第１項本文の規定により労働者を立ち入らせてはならない場所又は電離則第42条第１項の区域

四　酸素欠乏症等防止規則第９条第１項の酸素欠乏危険場所又は酸欠則第14条第１項の規定により労働者を退避させなければならない場所

2　特定元方事業者及び関係請負人は、当該場所において自ら行なう作業に係る前項各号に掲げる事故現場等を、同項の規定により統一的に定められた標識と同一のものによって明示しなければならない。

3　特定元方事業者及び関係請負人は、その労働者のうち必要がある者以外の者を第一項各号に掲げる事故現場等に立ち入らせてはならない。

ここがポイント

●朝礼広場等に、前頁のような掲示をし、周知を図ること。

●掲示とは別に前頁のような看板を用意し、万一事故が発生した場合、即座に看板を設置することにより立入禁止措置を行う。

⑥店社への連絡について

◎元請の店社（支店もしくは本社）へ電話で連絡する。
（簡潔に伝え、応援社員を要請する）

●連絡事項の例

・○○作業所の△△です。
・墜落災害発生です。
・本日、午後２時半頃。
・鳶工が足場の３段目より墜落。
・出血していて、意識がない模様。
・現在、救急車を要請中。
・これから、施主と監督署に連絡する。
・応援社員をできるだけ多く頼みます。
・詳細がわかったら連絡します。

◎被災者の所属する会社または１次業者へ連絡し、被災者の家族や親せき等の緊急連絡先へ連絡してもらう。
災害の発生状況を説明し、病院へ来てもらうよう知らせる。

ここがポイント
●メールやＦＡＸではなく、**必ず電話**で連絡する。
➡詳細等は、メールやＦＡＸ、電話を併用する。
●店社に応援を要請する（人手は多いほどよい）。
●ＪＶ工事の場合は、構成会社にも連絡する。
●設計事務所にも連絡する。

⑦警察署への連絡について

・救急車を呼ぶと、自動的に警察署に通報される。

➡大きな事故や災害が発生した場合、すぐに刑事や警察官が現場を訪れて、現場検証を行う。

◎警察署は何のために現場検証をするのか？

理由は２つある。

①　事件性がないかどうか

例えば、高所からの墜落災害があった場合、誰かがわざと被災者を突き落としてはいないかどうかを調べる（殺人や殺人未遂の事件の有無）。

②　業務上過失致死傷の疑いがあるかどうか

では、業務上過失致死傷とは何か。

「業務上過失致死傷」は故意犯でなく、過失によって人を死傷させた場合に適用される。そのポイントとなるのが、「業務上必要な注意を怠り」という点である。

例えば、足場を解体中に、資材を落下させて他職の作業員に当たった災害では、本来、注意をもって作業をすべきものを、必要な注意を怠り、資材を落下させてしまったのでこの罪に該当する。

故意であれば、殺人罪だが、過失によって人を死傷させたため、業務上過失致死傷になる。

この業務上過失致死傷は、業務上、必要な注意を怠り、「結果」として人を死傷させた場合に問われる。

物を落としてもかすり傷程度であれば、業務上過失致死傷を問われない可能性もあるが、死亡災害・重篤な災害となれば問われる可能性も高くなる。

ここがポイント

●救急車を呼ぶと警察署は自動的に現場検証にやってくる。
　➡被災程度（軽傷）によっては、現場に来ない場合がある。

●**警察署に対して法令上の事故報告の義務はない。**
　➡社会的影響の大きな事故・災害で警察署が来ない場合には連絡した方がよい。

刑法第211条（業務上過失致死傷等）

業務上必要な注意を怠り、よって人を死傷させた者は、5年以下の懲役若しくは禁錮又は百万円以下の罰金に処する。重大な過失により人を死傷させた者も、同様とする。

刑法では「罪を犯す意思がない行為は、罰しない。ただし、法律に特別の規定がある場合は、この限りでない」（刑法第38条1項）として、過失犯（過失を成立要件とする犯罪）の処罰は法律に規定があるときにのみ例外的に行うとされている。

① 業務上とは

一般的には、職業として継続して行われる仕事のことをいうが、刑法における「業務上」とは、社会生活上の地位に基づき、反復継続して行う行為であって、生命身体に危険を生じ得るものをいう。

② 過失とは

何らかの事実を認識・予見可能性があったにも関わらず、注意を怠って認識・予見しなかった心理状態をいう。

③ 建設現場における業務上過失とは？

建設現場で働く者は、みな他人を死傷させないように注意をして、業務を行う義務がある。これを怠って他人を死傷させた場合、注意義務違反者が業務上過失罪で処罰されることがある。

⑧監督署（安全衛生課）への連絡

事故・災害発生直後の報告（第一報）

重篤な災害・大きな事故等は、直ちに電話で一報を入れること
救急車を呼んでも監督署には通報されない。

（理由）

死亡災害や後遺症の残る労働災害等は、安衛法違反等に基づき監督署により送検される可能性がある。監督署が送検するには、災害発生直後に現場検証等の災害調査が必要になる。もし、報告が遅れた結果、現場を片付けてしまうと、証拠を隠滅したと疑われてしまうことがある。

監督署の業務時間は、土日祝日を除く、８：30～17：15である。

夜間工事や休日作業を行っている際に災害が発生した場合、監督署に電話連絡がとれない。その場合は、留守電やＦＡＸにて災害の一報を入れる。場合によっては、折り返し電話があり、休日や夜間でも現場検証に訪れる場合もある。折り返しの連絡がなかった場合でも、休み明けの朝8：30に監督署へ出向き、報告する（次項の書類を持参する）。

正式な報告書は、後ほど解説する安衛則第97条「労働者死傷病報告」や安衛則第96条「事故報告」になるが、それらは１～２週間程度後で提出しても構わないので、発生直後にまず電話で一報を入れることが大切である（P44参照）。

《重篤な災害・大きな事故等》　➡電話で直ちに一報
- 死亡災害、重篤災害（重体、意識がない）
- 重傷災害（後遺症１～３級の残るおそれがあるもの）
- 重大災害（１事故３名以上の被災：３名のいずれかが重傷の場合）
- 社会的に影響のある事故（第三者災害、火災・クレーンの転倒等）

《重傷災害・事故等》　➡当日もしくは翌日朝、監督署に出向いて報告
- 重大災害（１事故３名以上の被災：３名が軽傷の場合）
- ２ｍ以上の墜落災害 ｝のうち休業が見込まれるもの
- 重機との接触や挟まれ災害 ｝のうち休業が見込まれるもの
- 飛来落下災害、崩壊・倒壊災害 ｝のうち休業が見込まれるもの
- 感電災害、酸欠災害 ｝のうち休業が見込まれるもの
- 第三者災害（軽傷）、火災（ボヤ） ｝社会的影響の少ない事故
- クレーン等の逸走、ジブの折損、ワイヤロープの切断 ｝社会的影響の少ない事故
- エレベーター、建設リフト、ゴンドラ事故 ｝社会的影響の少ない事故

ここがポイント

●上記に該当しない被災程度の軽い災害や事故も、なるべく２～３日以内に、監督署（安全衛生課）に出向いて報告した方がよい（不休災害は報告不要）。

災害発生直後の第一報用の労働災害報告書（サンプル；任意書式）

○○年○月○日

○○労働基準監督署長　殿

○○建設株式会社○○支店
○○○○建設工事作業所
所長　○○　○○

労働災害報告書

日頃より格別の指導を賜り厚く御礼申し上げます。
今般、下記のとおり、労働災害が発生しましたのでご報告致します。

記

1．工事概要
工事名称　○○○○建設工事
施工場所　東京都○○区○○１－１－１
工　　期　着工○○○○年○○月○○日　～　竣工○○○○年○○月○○日
工事概要　Ｓ造、地下○階、地上○階

2．災害発生状況
発生日時　○○○○年○○月○○日（○曜日）
被災者　○○　○○　（○○歳：○○○工）
所属会社　△△建設株式会社（２次）［□□建設株式会社（１次）］
被災程度　○○○○
発生状況　○○（発生概要図又は写真を添付）

3．連絡先　○○○○建設工事作業所　担当：○○○○
（電話番号　　　　　　　　　　）

以　上

※この書式はあくまで第一報用である。
※事故、私病の場合はタイトルや内容を修正する。（私病：P122参照）
➡タイトル例：移動式クレーン転倒事故報告書／報告書（私病の疑い）／交通事故報告書　等
※２部作成し、１部は受領印をもらって控えを現場で保存する。

ここがポイント

- 労働者死傷病報告書は被災者の所属会社名で提出するが、第一報は元請名で行うこと。第一報は決まった書式はないので、どんな書式でも構わない。
- 監督署は、労災課ではなく、安全衛生課に報告に行くこと。

⑨警察署/監督署が来る前に行うこと

◎目撃者等からのヒアリング

・事故・災害の大まかな発生状況をつかむこと。

➡目撃者や当該作業の責任者（職長・安責者等）から、発生状況を聞き取る（次項参照）。

・警察署や監督署が既に来ている場合は、現場検証の後からでも構わないので、その日のうちに聞き取りをすること。

・事実の把握に重点を置く（推測した内容は、それが推測であることがわかるように明記しておく）。

◎時系列のまとめ

・事務所（対策室）にホワイトボードを持ってくる。

・いつ、誰に、どんな報告をしたかを記載していく。

（時系列記載例）

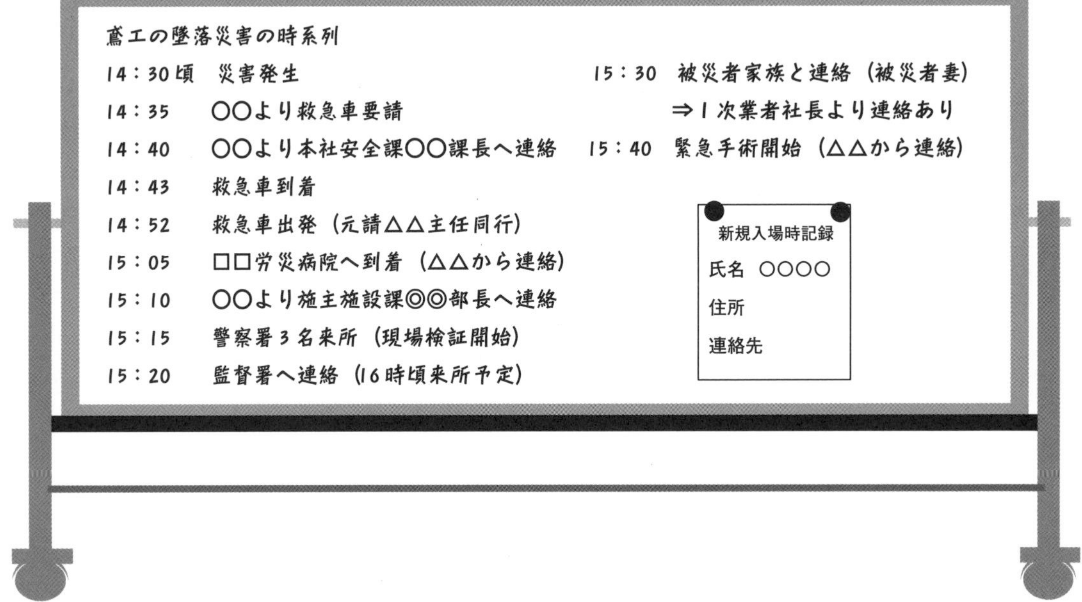

ここがポイント

●現場での役割担当を決める。

➡記録係を選任する（個々の動きを記録係に伝える）。
記録係は時々ホワイトボードを写真に撮り、店社へメールする。

➡警察署や監督署は、所長、次席等の上席者が対応する。

サンプル；任意書式

災害発生時のヒアリングシート

所属会社名　　　　　　　　　　　（　次）
（1次会社名　　　　　　　　　　　　）
氏　　　名
（職長・安責者・作業主任者・作業員）

① 災害が発生した時、誰とどこで何をしていたか？

② 災害が発生した瞬間を目撃していたか？

③ どのようにして災害が発生したか？（必要に応じてイラストを描く）

④ 災害の発生直後、被災者はどのような状態であったか？

⑤ 被災者を救出したのは誰か？

⑥ どうして災害が発生したと思うか？

⑦ どうすれば災害が防げたと思うか？

⑧ 他に何か気が付いたことはあったか？

⑩警察署／監督署の対応

◎まずはできるだけ名刺の交換をする。

➡名刺をもらえない場合は、氏名（フルネーム）や部署を失礼のないように聞くこと。

◎事務所で発生概要をわかる範囲で説明する。

➡所長、次席等の上席者が対応する。
発生現場に行き、現場検証をする。
※憶測では回答せず、事実を述べるようにする
わからないことは、正直にわからないと回答する
➡回答した内容は、メモにして議事録を後で作成する。

◎目撃者からのヒアリングをされることもある。

元請の社員も必ず立ち合うこと。
➡回答した内容は、メモにして議事録を後で作成する。

◎警察署や監督署が写真を撮った場合、同じアングルから写真を撮っておく。

➡議事録と共に保管しておく。

◎警察署や監督署に、いつまで現場を現状保存するか、工事はいつから再開していいかを聞ける状況であれば聞くこと。

ここがポイント

●わかっている事実だけを正直に答える。
大きな事故・災害を起こすと大きな責任を感じると思うが、「**原因の究明**」と「**責任の追及**」は別であると考え、**事実を淡々と述べる**こと。
●もし、憶測で答える際は、必ず「私個人の憶測ではあるが、…の可能性もあるかもしれない」と想定である旨をはっきり答える。

⑪警察署/監督署から書類を押収したいと言われたら…

◎言われた書類を提出する前にコピーをとること。

➡以下の書類の押収を求められるケースがある。

- ・施工体制台帳
- ・安全日誌
- ・新規入場時記録
- ・ＫＹ活動記録
- ・作業安全指示書
- ・作業手順書、作業計画
- ・就労者名簿
- ・資格証の写し
- ・災害防止協議会記録　　　等

「これらの書類は、支払いや作業再開後に必要なため、コピーさせてください」と言うこと。

場合によっては、その日ではなく、後日提出することが出来る場合もある。

（コピーするにも人手が必要。そのためにも応援の人を要請しておくことが大事）

ここがポイント

●言われた書類は速やかに提出するが、**必ずコピー**をとる。
➡作業再開後に必要となるため。

●日々の現場管理で、これらの書類がいかに重要かということにも留意を。

⑫被災者およびその家族への対応

◎重篤災害や入院が必要な災害の場合は、所属会社の事業主から緊急連絡先（家族等）に連絡をとること。

➡今後の対応の窓口になる。

所属会社の責任者が病院に常駐する。

（被災当日は、元請の応援社員も病院に配置する）

≪家族への対応について≫

・病院への交通経路等を説明する。
（場合によっては、駅まで迎えに行く）

・遠方からの場合は、宿泊先や食事の手配をする。

・家族の希望に沿い、なるべく早い段階で、発生現場を見てもらう（その場合は、事前に現場に連絡する）。

・治療費、入院の費用は労災保険で対応する旨を伝える。
（労災保険給付関係：P59 ～ 74参照）

・入院後も定期的に見舞いに行く等、被災者との接触を維持すること。

・死亡の場合、葬儀、初七日等の法事にも参列すること。

・示談については、被災者等の身になって判断すること。
※死亡災害の場合は、四十九日の法要後や、労災保険の書類を説明する際に示談について切り出すこともある。後遺症が残った場合には、監督署からの等級が決定した頃に示談の話をするのが一般的である

ここがポイント

●医師は、病状や診断結果を家族にしか伝えない。
➡所属会社責任者と元請の社員はなるべく**家族と同席して話を聞く**こと。

●警察署や監督署、店社に提出するため、できるだけ**診断書をもらう**こと。
（原則として、被災者やその家族に発行するので、コピーさせてもらう。）
➡救急医で出せないと言われたら、後日、速やかに担当医に発行してもらう。

⑬その他の対応

◎発注者・設計事務所の対応

元請から施主の担当者へ電話で連絡する。

大きな事故・災害の場合、マスコミ報道されることもあり、発注者・設計事務所に迷惑をかけることもあるため。

ただし、発注者および設計事務所の規模により、相手側の連絡体制を尊重しつつ報告等を行うこと。

例えば、先方のトップにまだ情報があがっていない中で、先んじて連絡してしまうと先方の担当者の面目を失わせることにもなりかねない。

連絡については、現地事務所または支社等の意向を確認しながら慎重に行うこと。

◎マスコミ対応

警察署に情報が入ると、記者クラブ等を通じてマスコミにも情報が入る。その結果、現場にマスコミが一気に押し寄せることもあるため、現場で対応するのは非常に困難である。

また、最近では、ＳＮＳ（ソーシャル・ネットワーキング・サービス）から一気に情報が流出するケースが多くあるように、情報をコントロールすることは不可能だと思われる。

そのため、情報公開の透明性という観点からも、最近では、会社のホームページにお詫び文を掲載するケースが見受けられる。

また、公共性の高いインフラ等の工事においては、施工会社ではなく、発注者のホームページにお詫び文を掲載することもある。

ホームページに掲載のお詫び文（サンプル）

○○○○年○月○○日

各　位

○○建設株式会社

○○○○本部広報部

弊社の工事現場での労災事故の発生について（お詫び）

○○○○年○月○○日午後○時○○分頃、弊社が○○県○○市○○区○○町にて施工中の○○○○工事において、協力会社の作業員２名が救急搬送され、うち１名が死亡する事故が発生しました。

お亡くなりになられた方のご冥福をお祈りいたしますとともに、ご遺族の方に心よりお見舞い申し上げます。また、負傷入院をされた方の一日も早い回復をお祈り申し上げます。

あわせて、近隣の皆様ならびに関係者の皆様には、多大なご迷惑、ご心配をおかけしましたことを深くお詫び申し上げます。

事故の状況および原因については、関係当局により調査中ですが、弊社といたしましては、全面的に調査に協力をして参りますとともに、重大な事故が発生したことを重く受け止め、速やかな事故原因等の究明に努めてまいります。

弊社は、事故原因等が判明次第、関係当局のご指導を仰ぎつつ、適切な対応を行うとともに、安全対策のさらなる強化、徹底を図っていく所存です。

以　上

◎警察署・監督署以外の諸関係機関への対応

①都道府県、市長村等

例えば、東京都では、工事中に事故が発生した場合（仮囲いが必要な建築物の工事・工作物の一定規模の工事）には、

・敷地内での死亡事故

・敷地外で第三者が危害を受けた事故

について、速報した後に詳細の報告をするよう求めている。

詳細については、東京都都市整備局のHPの「建築物等に係る事故の報告制度と事故事例」を検索して確認すること。

※現場の属する自治体にあらかじめ確認しておくこと

②国土交通省

国土交通省は、下記の表のとおり当該地方整備局の所管する区域内において生じた事故等に基づく措置基準を定めている。

この基準では、不適切な安全管理措置により生じた公衆損害事故や工事関係者事故について、指名停止の期間を定めている。

そのため、マスコミに報道されたこと等により得た情報を基にして、施工業者に対して詳細の情報を求めてくることがある。

当該地方整備局の所管する区域内において生じた事故等に基づく措置基準

措置要件	指名停止の期間
(安全管理措置の不適切により生じた公衆損害事故) 5　地方整備局発注工事の施工に当たり、安全管理の措置が不適切であったため、公衆に死亡者若しくは負傷者を生じさせ、又は損害（軽微なものを除く。）を与えたと認められるとき。	当該認定をした日から1か月以上6か月以内
6　一般工事の施工に当たり、安全管理の措置が不適切であったため、公衆に死亡者若しくは負傷者を生じさせ、又は損害を与えた場合において、当該事故が重大であると認められるとき。	当該認定をした日から1か月以上3か月以内
(安全管理措置の不適切により生じた工事関係者事故) 7　地方整備局発注工事の施工に当たり、安全管理の措置が不適切であったため、工事関係者に死亡者又は負傷者を生じさせたと認められるとき。	当該認定をした日から2週間以上4か月以内
8　一般工事の施工に当たり、安全管理の措置が不適切であったため、工事関係者に死亡者又は負傷者を生じさせた場合において、当該事故が重大であると認められるとき。	当該認定をした日から2週間以上2か月以内

（国土交通省　工事請負契約に係る指名停止等の措置要領より抜粋）

4｜監督署に書類を提出する際等の注意事項は?

◎必ず控えをとっておくこと。

➡監督署へ提出する書類は、必ず２部作成し、１部は受領印を押してもらい、控えとして保管しておくこと　(必要に応じて、所属会社や元請がそれぞれコピーを保管する)。

なお、どうしても所属会社と元請で保管したい場合は、３部作成し、２部に受領印を押してもらい、それぞれで保管することもできる。

◎事実のみを記載すること。

➡事故・災害を発生させた引け目もあるかもしれないが、正直に事実を述べ、想像や憶測では語らないこと。

➡わからないことは、正直にわからないと述べる。

労働者死傷病報告書に災害発生状況および原因を記載する部分があり、

①　どのような場所で

②　どのような作業をしているときに

③　どのような物または環境に

④　どのような不安全または有害な状態があって

⑤　どのような災害が発生したか

を詳細に記入すること

となっているが、現認者がおらず④・⑤等がわからなければ、その旨を記載しておく。

◎労災保険関係の書類の事業主証明をしない場合。

➡労災発生が疑わしいのであれば、証明しない。

ただし、事業主証明できない理由書を必ず添える。(P124参照)

こ|こ|が|ポ|イ|ン|ト

●わかっている事実だけを正直に記載する。
後に捜査の根拠とされる場合がある。一度認めたものは覆すのは難しい。

●監督署に提出した書類が、開示請求されて、その後の民事賠償の根拠となる可能性がある。

5 | 災害発生翌日以降に実施すべきこと

①災害原因の追究と再発防止策の立案

（1）災害調査の要点

調査については、個人の責任を追及するのではなく、あくまでも事実関係の把握に努める。

① 調査は、災害発生後できるだけ早く実施すること。
(時間が経過すると記憶が曖昧になったり、現状が変更されてしまうことがある)

② 発生した現場の状況写真を多く撮っておくこと。

③ 現場で測量等を行い、図面に寸法、重量等を記入しておくこと。

④ 災害に関係のある資材・機材、保護具等を保管しておくこと。

⑤ 合番者や同僚の証言、現認者の証言を集めること。可能な場合は、被災者からも話を聞くこと。
(災害発生時の位置関係、当日の作業状況、前日までの作業状況、朝礼での指示事項、KYミーティングの内容等)

⑥ 直接・間接にかかわらず、原因究明に役立つものは調査すること。
(現場内で行われている慣例等を含む)

⑦ 天候、気温、湿度、その他の作業環境（当日および1週間前）も調査・記録しておくこと。

⑧ 機械、資材のその他の状況（始業前点検、定期点検等）を調査すること。

⑨ 被災者の資格、教育の受講状況、健康状態（健康診断結果を含む)、日頃からの様子を調査すること。

⑩ 災害分析の要領を熟知している者が、調査の指揮をとること。

（2）災害分析の手順

① 前提　発生状況の把握

② 第１段階　事実の確認

③ 第２段階　問題点の発見・分析

④ 第３段階　根本的問題点の決定

⑤ 第４段階　対策の樹立と実施

① 前提　発生状況の把握

以下の項目について、把握しておくこと。

・災害発生場所の日時、場所

・傷病の状態（診断書の内容：傷病名、部位、程度）

・被災者の氏名、住所、年齢、職種、保有資格、健診結果等

・物的被害の状況

・事故の型、起因物、加害物

・組織図（指示命令系統）

・使用した機械、用具、保護具等

・災害発生までの経過

・発生現場の写真、図面

災害の発生状況を、５Ｗ１Ｈを使ってまとめる。

いつ…………発生の日時から作業条件を探る。

誰が…………被災者の氏名、住所、年齢、経験その他の人的要素を探る。

どこで…………場所から作業面、起因物を探る。

どんな作業で………作業手順、作業方法を探る。

どんな機械で………起因物、環境を探る。

どんな状態で………起因物の不安全状態を探る。

どんな方法で………被災者の不安全行動を探る。

どうなった…………傷病の状態等を探る。

その他…………その他の災害要素を探る。

② 第1段階　事実の確認

作業の開始から災害発生までの経過と、災害発生時に関係あるすべての事実、災害の要因として考えられる事実を「人的」「設備的」「作業的」「管理的」を柱として、現場の検証、関係者の証言等をもとに明らかにする。

≪人的要因（Man）≫

①心理的要因：
　場面行動（他の事柄に気づかず行動する）、忘却、考え事（家庭問題、借金等）、
　無意識行動、危険性の認識欠如、省略行動、憶測による判断、ヒューマンエラー
②生理的要因：疲労、睡眠不足、アルコール疾病、加齢
③職場的要因：人間関係、リーダーシップ、コミュニケーション　　等

≪設備的要因（Machine）≫

①機械設備の設計上の欠陥
②危険防護不良
③人間工学的配慮不足
④標準化不足
⑤点検整備不良　　等

≪作業的要因（Media）≫

①作業情報の不適切
②作業姿勢、作業動作の欠陥
③作業方法の不良
④作業空間の不良
⑤作業環境条件の不良　　等

≪管理的要因（Management）≫

①管理組織の欠陥
②規程・マニュアルの不備
③教育訓練不足
④部下に対する監督・指導不足
⑤適正配置不十分
⑥健康管理不足　　等

③　第２段階　問題点の発見・分析

事実の確認によって明らかにされた状況から、問題点を洗い出していく。問題点とは、基準の状態（問題のない状態）から外れた事実をいう。

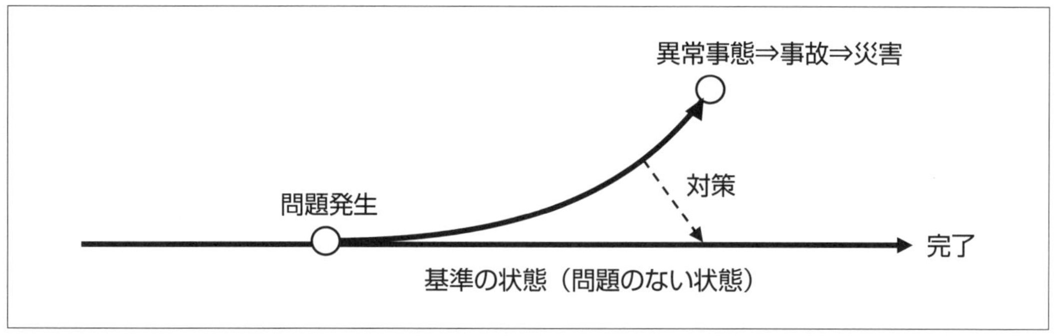

基準とは、関係法規、技術指針の他、社内規程、施工計画、作業手順等によって定められたすべてのものであり、行うべきことを行っていたかを判断しなければならない。

④　第３段階　根本的問題点の決定

災害分析の手順の第２段階において洗い出された問題点を、個々に掘り下げ、あるいは相関関係を調べ、災害を発生させることになった根本的な問題点を抽出する。

なお原因は、「人的」「設備的」「作業的」「管理的」に関するものにそれぞれ分けて抽出する。

特に、問題点を根本的に解決するには「管理的」に重点を置いて検討することが大切である。管理的要因を探るには下記の点に注目することが対策につなげやすい。

≪管理的要因を探るためのキーワード≫

- 管理者・監督者の役割を果たしているか。
- 作業方法に改善すべき点はないか。
- 作業手順を正しく定めているか。
- 作業者を適正に配置しているか。
- 作業者に対する指導・教育は十分であったか。
- 作業中の監督・指示は適切であったか。
- 設備の安全化に努めていたか。
- 環境の改善と保持に努めていたか。
- 点検（定期、作業開始前）は確実に行われていたか。
- 異常時の措置は実施されていたか。
- 災害事例を活用されていたか。
- 安全意識の高揚に努めていたか。

⑤ 第４段階 対策の樹立と実施

発生した災害についての調査・分析の結果、災害発生の要因になった問題点について具体的な実行計画を伴った再発防止対策がとられなければならない。

◎再発防止対策の樹立

再発防止対策には、「人的」「設備的」「作業的」「管理的」に関するものについて、具体的な実施事項を検討し、措置を講じなければならない。なお、その際に下記の事項について検討がなされているかを確認することが大切である。

対策の効果性……実際的な効果が望めるか。
対策の可能性……現場で実行できるか。
対策の具体性……現場でどのように実行するのか。
対策の重要性……何から手をつけるのか。

◎再発防止対策の実行

決定された再発防止対策には、「実行計画」が作成されることが必要であり、誰が何をするのかという５Ｗ１Ｈが重要である。

何を What	なぜ Why	いつ When	どこで Where	誰が Who	どのように How
対策事項	理由 目的 目標	期日 期間 時間 工程	場所 環境	元方事業者 関係請負人 管理者 監督者 資格者 作業員	方法 条件 基準 設備 用具 材料

サンプル；任意書式

災害報告書

災害発生概要	
	開口部からの墜落
	被災者は、脚立にまたがって、天井の電気配線の作業を行っていた。 作業が終わって降りた時に足元に仮置きしてあった資材に足をとられ、バランスを崩して開口部から墜落した。

災害発生状況
①作業員全員、ヘルメットをかぶっていた。安全帯も装着していた。
②作業開始前に全員でＫＹを実施した。
③作業手順書がなかった。安全衛生管理規程もなかった。
④過去に同種の災害はなかったので、災害事例教育がされていなかった。
⑤手すり、墜落防止ネット、親綱の設置が行われていなかった。開口部の養生を行っていなかった。
⑥被災者は有資格者であった。
⑦当日の作業開始前点検を行っていなかった。
⑧前日の工事安全打ち合わせにない作業であった。
⑨脚立は元請からのリースの貸与であった。
⑩職長・安責者Ａは、別の場所で作業をしていた。
⑪電工Ｂ（被災者）は新規入場時教育は受けていた。

災害発生の主要事項

発生日時・曜日・場所	天候	傷害状況	部位	傷病名	程度	物的損害
○○○○年９月２日（金） 午前11時40分 ４階Ａ工区	晴れ		下腿	骨折	90日	なし

業種	被災者	氏名	年齢	職種	経験	資格	その他
Ｙ電設（電工） 従業員（10人）		Ｂ男	65歳	電工	15年	第二種電気工事士	

事故型	起因物	加害物
墜落・転落	開口部	床

現場組織図

元請Ｘ建設

下請負Ｙ電設
職長・安責者Ａ

電工B（被災者）　電工C

天井の電気配備の作業中（電工B）

開口部から墜落

脚立から降りたとき仮置きしてあった資材に足をとられた

災害発生までの経緯

月日 時間	No.	前日から当日災害発生時までの事実	備考
		1. 作業手順の内容と実施	
	①	Y電設は、作業手順書を作成していなかった。	
		2. 月間および週間打ち合わせ	
	②	毎月の災害防止協議会は開催していたが、墜落災害防止にかかる協議はしていなかった。	
9/1		3. 前日の打ち合せ	
13:30	③	(1) 当該場所での天井の電気配線取付作業の予定はなかった。	
	④	(2) 元請より開口部についての注意喚起はなかった。	
		4. 新規入場時教育	
	⑤	(1) Y電設の作業員全員は新規入場時教育を受けていた。	
	⑥	(2) 高所作業における墜落制止用器具(安全帯)の使用の徹底の指導があった。	
9/2		5. 当日の安全施工サイクル	
8:00	⑦	(1) 元請職員、作業員全員が参加して朝礼が行われた。	
8:15	⑧	(2) 職長・安責者Aは、作業員全員を集めてミーティングを行った。	
8:30	⑨	(3) 電工BおよびCは、別の階(3F)で作業を開始した。	
11:00	⑩	(4) 電工BおよびCは、3階での作業が予定より早く終了したため当日の予定になかった4階での作業を開始した。	
11:40	⑪	(5) 天井の電気配線作業が終わったため脚立から降りた時、足元に仮置きしてあった資材に足をとられ、バランスを崩して開口部から墜落した。	
		6. その他	
	⑫	・元請X建設は、巡視を行っていなかった。	
	⑬	・元請X建設は、開口部の手すりの設置、墜落防止ネット、親綱の設置を行っていなかった。	
	⑭	・必要な資格:第二種電気工事士	

第１・２段階　事実の確認・問題点の発見

事実の確認	B-3　品質・点検・整備の不備
作業内容	・作業前の点検を行っていなかった。
1．作業の内容	
2．作業の形態	③作業的要因
3．作業員の役割	C-1　作業環境条件の不良
・職長・安責者Ａ　作業の責任者	・脚立作業を行った。
・電工Ｂ　有資格者	
・電工Ｃ	C-2　コミュニケーション（職場環境）
	・打ち合わせが行われていなかった。
①人的要因	
A-1　身体的要因	C-3　作業条件
・高齢者であった（適正配置がなされていなかった）。	・開口部の脇で作業を行った。
A-2　心理的要因	C-4　職場環境
・脚立作業は問題ないと思った。	・指揮命令系統が機能していなかった。
・開口部は問題ないと思った。	
	④管理的要因
A-3　生理的要因	D-1　管理組織
・昼食前で少し焦っていた。	・作業指揮者が不在であった。
A-4　技量・知識	D-2　規程・基準
・作業への油断、危険軽視があった。	・作業手順書が作成されていなかった。
	・安全衛生管理規程もなかった。
A-5　ミス・不正	
・慌てて降りたのでバランスを崩した。	D-3　作業計画
・脚立の不適切な使用をした。	・天井の電気配線工事の作業手順書がなかった。
	・作業員の判断に任せていた。
②設備的要因	
B-1　設備・危機の欠陥	D-4　教育訓練
・開口部が養生されていなかった（手すり、ネット）。	・職長・安責者の指導が十分でなかった。
・資材が放置されていた。	
・親綱の設置が行われていなかった。	D-5　巡視不足
	・元請、職長・安責者の巡視が十分でなかった。
B-2　設計・機能の不備	
・作業床が確保されていなかった。	
・照度が十分でなかった。	

第３段階　根本的問題点の決定

第３段階：問題点の背景を検討し、「人的」「設備的」「作業的」「管理的」の欄に該当するものに○をする

様式２の番号	問題点の内容		人的		設備的		作業的		管理的		根本的問題点
	どんな事実により問題点が生じたか	問題点にある背景は何か	元方事業者	関係請負人	元方事業者	関係請負人	元方事業者	関係請負人	元方事業者	関係請負人	
A-1、A-5	昇降の際にバランスを崩した 足元の資材に足をとられた	高齢者の適正配置の未実施 整理整頓の未実施		○							○適正配置
A-3	昼食前で少し焦っていた	日頃から工程重視の風潮	○	○							○ゆとり
A-4、B-1、C-3	開口部が養生されていなかった 開口部の脇で作業を行った	手すり、ネット等の資材不足 作業への油断、危険軽視		○	◎	○	◎	○			◎開口部
B-2	作業床が確保されていなかった	立ち馬、天台等の資材なし 作業への油断、危険軽視			○	◎					○立ち馬、天台
B-2	照度が不十分	照明設備なし			○	○					○照明設備
B-3	作業前の点検を行っていなかった	SS-5の習慣なし				○					○SS-5
C-2、C-4、D-1	指揮命令系統が機能せず 作業指揮者が不在	打ち合わせが不十分 作業員任せにしていた					◎	○	◎	○	◎打ち合わせ
D-2、D-3	作業手順書の未作成 作業員の判断に任せていた	安全衛生管理規程なし 元請の関与が足りなかった							○	◎	◎作業手順書
D-4	職長・安責者の指導が不十分 災害事例教育の未実施	事業主の安全意識の欠如 安全衛生管理規程なし								◎	○教育
D-5	元請、職長の巡視が不十分	作業員任せにしていた 巡視の時間がなかった							◎	○	◎巡視

メモ

第４段階　対策の樹立と実施

	災害発生の原因	再発防止対策
人的	1．高齢者の適正配置が行われていなかった。	1．高齢者のみならず、有所見者を含めた適正配置を実施する。（事業主）
	2．工程がひっ迫して焦っていた。	2．ゆとりのある工程を確保する。（元請、事業主）
	3．作業への油断、危険軽視があった。	3．災害事例教育の実施を行う。（事業主）
設備的	1．開口部が養生されていなかった。	1．開口部は必ず手すり、ネット等で養生する。（元請、事業主）
	2．作業床が確保されていなかった。	2．立ち馬、天台等を使用して作業を行う。（事業主）
	3．照度が十分でなかった。	3．暗い場所では、必ず照明設備を設置する。（元請、事業主）
作業的	1．作業前の点検を行っていなかった。	1．作業開始前には必ず点検を行う。SS-5 を徹底する。（事業主）
	2．作業指揮者が不在であった。	2．指揮命令系統を確立して、作業指揮者が作業を指揮する。（元請、事業主）
管理的	1．作業手順書が作成されていなかった。	1．作業手順書を必ず作成し、その手順に従って作業を行う。（事業主）
	2．職長・安責者の指導が不十分であった。	2．職長・安責者の再教育を徹底する。（事業主）
	3．災害事例教育が実施されていなかった。	3．毎月、災害事例教育を実施する。（事業主）
	4．元請、職長の巡視が不十分であった。	4．元請、職長は午前、午後に必ず巡視を実施する。（元請、事業主）

②再発防止策の監督署への報告

（1）どういう場合に、再発防止策を監督署へ報告するのか

死亡災害だけでなく、重篤災害については、監督署より「口頭」もしくは「書面」（指導票を含む）により再発防止策を策定するよう指示を受けることがある。

事故・災害の内容によっては被災程度が軽いものであっても、指示を受ける場合がある。特に、墜落災害、重機等の機械による災害、崩壊・倒壊災害においては、被災の程度にかかわらず、再発防止策を策定するよう指示される場合が多い。

（2）工事再開のための再発防止策

監督署が現場検証した死亡災害や重篤災害は、一般的に現場保存を求められるとともに、工事の再開に当たっては、再発防止策を監督署へ提出し、内容が妥当とされた場合のみ、工事再開の許可が下りることが多い。

したがって、工事再開のため、なるべく短期間で再発防止策を策定する必要があり、現場だけでなく、本社・支店が積極的に関与して、実効ある対策を策定しなければならない。

ここがポイント

- 会社として**実行可能な対策**を盛り込む。
  ➡絵に描いた餅にならないようにする。
- 再発防止策で決めたルールは、その現場だけでなく、会社としての新たなルールであると認識すること。
  ➡一度決めたら、すべての現場において、継続して遵守しなければならない。
- 周知会や安全教育は、**出席者のリスト（直筆）と教育風景の写真を添付**する。
- 新たに作成した**作業手順書を添付**するとともに、**周知会のリスト（直筆）と写真を添付**する（安全教育とまとめて行う場合は、周知会の式次第も添付する）。
- 安全施設の改善については、**改善前と改善後の写真を両方添付**する。

サンプル；任意書式

再　発　防　止　対　策　書

令和○年○月○日

○○労働基準監督署長　殿

事業場の名称　○○建設株式会社 ○○支店
○○○○○○○工事作業所
所　　在　　地　東京都○○○○○○○○○○
代表者職氏名　作業所長　○○○○

令和○年○月○日に発生した労働災害に対する再発防止対策を策定しましたので、ご報告致します。

記

1．災害発生概要
　被災者は脚立にまたがって、天井の電気配線の作業を行っていた。作業が終わって降りた時に足元に仮置きしてあった資材に足をとられ、バランスを崩して開口部から墜落した。

2．災害発生原因
（人的要因）・高齢者の適正配置が行われていなかった。
・作業への油断、危険軽視があった。
（設備的要因）・開口部が養生されておらず、また照度が十分でなかった。
・脚立作業のため、作業床が確保されていなかった。
（作業的要因）・作業を指揮する者が不在で、危険な作業を見過ごしてしまった。
（管理的要因）・作業手順書が作成されていなかった。
・安全衛生教育が不足していた。

3．再発防止対策
（人的要因）・高齢者の適正配置を実施するよう周知会を実施しました。
・作業への油断、危険軽視を防ぐため、災害事例をもとに安全作業の周知会を実施しました。（添付：資料－1、2、3）
（設備的要因）・開口部に手すりを設置するとともに、照度を確保するために照明を増設しました。（添付：資料－4）　※写真を添付する
・立ち馬等を使用して作業を行うこととしました。
（作業的要因）・作業を指揮する者を常駐させるとともに、元方事業者も巡視等で確認するようにします。
（管理的要因）・作業手順書を作成し、その内容を周知会にて周知しました。
（添付：資料－1、2、3）※新たに作成した作業手順書も添付する
・作業への油断、危険軽視を防ぐため、災害事例をもとに安全作業の周知会を実施しました。（添付：資料－1、2）

以　上

※　監督署によっては決められた書式があるので、それを活用すること。

≪再発防止対策書　添付資料≫

資料－１　墜落災害防止の周知会　出席者名簿

資料－２　墜落災害防止の周知会　状況写真

資料－３　作業手順書

（注：他にも教育資料があれば添付すること）

資料－４　改善状況写真

≪再発防止対策書　添付資料≫　周知会記録　サンプル

資料ー1

墜落災害防止の周知会　出席者名簿

会社名

日　時

場　所

講師名

《参　加　者》

NO	氏名（自筆サイン）	役　職	備考
1			
2			
3			
4			
5			
6			
7			
8			
9			
10			
11			
12			
13			
14			
15			

≪再発防止対策書　添付資料≫　周知会状況写真　サンプル

資料－2

周知会状況写真

講師

（安全管理者）

周知会状況写真

（注　意）

●周知会状況の写真は全員が写っているものを添付すること。

（1枚に入らなければ、前後、左右の分割でも構わない。）

●教育の資料は実際に使用したものを添付する。

資料－３

作業手順書（例）

元請		事業主	

作　業　名		工事名称	
作業概要		使用機械	
		使用工具	
		保　護　具	
作業期間		人　　員	
作成責任者		資格免許	

施工会社・関係者周知記録（サイン）（　　年　月　日）

作業の工程（主なステップ）		急　所（わかり易く）	危険性または有害性（予想される災害）	重大性	可能性	評価点	優先度	危険性または有害性の防止対策	誰が
準備作業									
本作業									
片付作業									

資料－4

改善状況写真

NO	改　善　前	改　善　後
1	開口部周辺の状況	
2	手すりの設置状況	
3	脚立作業	

③法令に基づく監督署（安全衛生課）への報告

（第一報を入れていれば、正式な報告は後日でもよい：P46参照）

事故等	➡	様式第22号
業務災害（休業４日以上）	➡	様式第23号（労働者死傷病報告書）
業務災害（休業４日未満）	➡	様式第24号（労働者死傷病報告書）

◎報告すべき事故とは

事業場またはその附属建設物内で発生した事故（下記は主なもの）

・火災、爆発

・移動式クレーン等の逸走、倒壊、落下、ジブ折損、ワイヤロープ等切断

・建設用リフト等の昇降路等の倒壊、搬器の墜落

・ゴンドラの逸走、転倒、落下、アームの折損、ワイヤロープの切断　　他

➡軽微な事故については、監督署とよく相談すること

◎労働者死傷病報告の対象は

事業場またはその附属建設物内で発生した負傷、窒息、急性中毒により死亡または休業した労働災害（下図の条件を満たすもの）

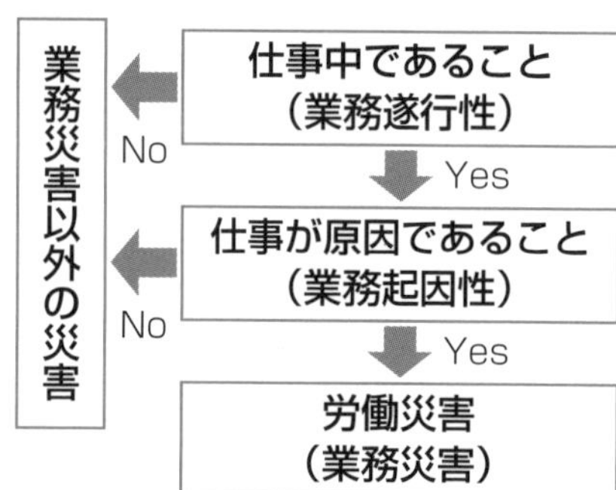

・事業者の支配下にあること。
作業中、準備行為、事業場内での休憩、出張

・業務とケガに因果関係があること
業務逸脱や私的行為を認められない。
（事業場内でのトイレや休憩は業務と関係あり）

注意事項

なお、附属寄宿舎内での事故や負傷等は、業務災害でなくても報告が必要（労基則第57条）報告書類は、安衛法と同じ様式（P46参照）

ここがポイント

●労働者死傷病報告は**事業者**（被災者を雇用している会社）**の責務**。
　➡元請負人には、提出の義務はない（監督署への提出時は同行すること）。

※通勤災害は、監督署への報告義務はない
（ただし、自分達で通勤災害と思っていても、実際は業務災害であることもあるので、任意の書式でなるべく監督署に報告し、判断を仰いだ方がよい）

事故報告（安衛則第96条）

事業者は、次の場合は、遅滞なく、様式第22号による報告書を所轄労働基準監督署長に提出しなければならない。

一　事業場又はその附属建設物内で、次の事故が発生したとき
　イ　火災又は爆発の事故（次号の事故を除く。）
　ロ　遠心機械、研削といしその他高速回転体の破裂の事故
　ハ　機械集材装置、巻上げ機又は索道の鎖又は索の切断の事故
　ニ　建設物、附属建設物又は機械集材装置、煙突、高架そう等の倒壊の事故
二　令第1条第3号のボイラー（小型ボイラーを除く。）の破裂、煙道ガスの爆発又はこれらに準ずる事故が発生したとき
三　小型ボイラー、令第1条第5号の第一種圧力容器及び同条第7号の第二種圧力容器の破裂の事故が発生したとき
四　クレーン（クレーン則第2条第1号に掲げるクレーンを除く。）の次の事故が発生したとき
　イ　逸走、倒壊、落下又はジブの折損
　ロ　ワイヤロープ又はつりチェーンの切断
五　移動式クレーン（クレーン則第2条第1号に掲げる移動式クレーンを除く。）の次の事故が発生したとき
　イ　転倒、倒壊又はジブの折損
　ロ　ワイヤロープ又はつりチェーンの切断
六　デリック（クレーン則第2条第1号に掲げるデリックを除く。）の次の事故が発生したとき
　イ　倒壊又はブームの折損
　ロ　ワイヤロープの切断
七　エレベーター（クレーン則第2条第2号及び第4号に掲げるエレベーターを除く。）の次の事故が発生したとき
　イ　昇降路等の倒壊又は搬器の墜落
　ロ　ワイヤロープの切断
八　建設用リフト（クレーン則第2条第2号及び第3号に掲げる建設用リフトを除く。）の次の事故が発生したとき
　イ　昇降路等の倒壊又は搬器の墜落
　ロ　ワイヤロープの切断
九　令第1条第9号の簡易リフト（クレーン則第2条第2号に掲げる簡易リフトを除く。）の次の事故が発生したとき
　イ　搬器の墜落
　ロ　ワイヤロープ又はつりチェーンの切断
十　ゴンドラの次の事故が発生したとき
　イ　逸走、転倒、落下又はアームの折損
　ロ　ワイヤロープの切断

2　次条第1項の規定による報告書の提出と併せて前項の報告書の提出をしようとする場合にあっては、当該報告書の記載事項のうち次条第1項の報告書の記載事項と重複する部分の記入は要しないものとする。

ここがポイント

●事故報告も事業者の責務だが、事業者が特定しづらいものもある。
　➡火災等は、元請負人が提出するように求められるケースが多い。
　（誰の名前で報告書を出すのかを監督署とよく相談すること）

労働者死傷病報告（安衛則第97条）

事業者は、労働者が労働災害その他就業中又は事業場内若しくはその附属建設物内における負傷、窒息又は急性中毒により死亡し、又は休業したときは、遅滞なく、様式第23号による報告書を所轄労働基準監督署長に提出しなければならない。

2　前項の場合において、休業の日数が４日に満たないときは、事業者は、同項の規定にかかわらず、１月から３月まで、４月から６月まで、７月から９月まで及び10月から12月までの期間における当該事実について、様式第24号による報告書をそれぞれの期間における最後の月の翌月末日までに、所轄労働基準監督署長に提出しなければならない。

労基則第57条

使用者は、次の各号のいずれかに該当する場合においては、遅滞なく、第１号については様式第23号の２により、第２号については労働安全衛生規則様式第22号により、第３号については同令様式第23号により、それぞれの事実を所轄労働基準監督署長に報告しなければならない。

一　事業を開始した場合

二　事業の附属寄宿舎において火災若しくは爆発又は倒壊の事故が発生した場合

三　労働者が事業の附属寄宿舎内で負傷し、窒息し、又は急性中毒にかかり、死亡し又は休業した場合

2　前項第３号に掲げる場合において、休業の日数が４日に満たないときは、使用者は、同項の規定にかかわらず、労働安全衛生規則様式第24号により、１月から３月まで、４月から６月まで、７月から９月まで及び10月から12月までの期間における当該事実を毎年各各の期間における最後の月の翌月末日までに、所轄労働基準監督署長に報告しなければならない。

「遅滞なく」とは、おおむね１月以内のこと。
「速やかに」とは、おおむね２週間以内のこと。
（平成30年９月７日、基発0907第２号：働き方改革を推進するための関係法律の整備に関する法律による改正後の労働安全衛生法及びじん肺法の施行等について）
➡上記の定めにかかわらず、なるべく早く提出すること。

◎事業附属寄宿舎

「事業附属寄宿舎」とは、常態として相当人数の労働者が宿泊し共同生活の実態を備えるもので、事業経営の必要上その一部として設けられているような事業との関連を持つものをいう。

「事業に附属するか否か」は、概ね、労務管理上の共同生活要請の存否、事業場内または近傍にあるか否かを基準として総合的に判定され、また、「寄宿舎」であるか否かは、概ね、相当人数の労働者の宿泊の有無、独立または区画された施設か否か、共同生活の実態を備えているかどうかを基準として総合的に判断される（昭和23年３月30日基発第508号）。

ここがポイント

●労働者死傷病報告を提出しないと**「労災かくし」**になる。
また、虚偽の報告も労災かくしになる。（P58参照）
※不休災害は、監督署への報告義務はない。

労働安全衛生法関係の届出・申請等帳票印刷に係る入力支援サービス

「労働安全衛生法関係の届出・申請等帳票印刷に係る入力支援サービス」は、所轄労働基準監督署に申請または届出を行う場合に使用する様式を、企業がインターネットを利用して作成するサービスである。

また、入力したデータを保存しておくことで、次回入力の際、共通する部分の入力を省略できる。

このサービスの利用において事前の申請や登録は不要。現在は以下の帳票を作成できるが、利用者の要望を踏まえて作成できる帳票を拡大する予定。

・労働者死傷病報告
・定期健康診断結果報告書
・心理的な負担の程度を把握するための検査結果等報告書
・総括安全衛生管理者・安全管理者・衛生管理者・産業医選任報告
・じん肺健康管理実施状況報告
・有機溶剤等健康診断結果報告書

※このサービスでは、申請や届出のオンライン申請はできない。このサービスで作成した帳票は、必ず印刷し、所轄の労働基準監督署に提出すること

業務災害（休業４日以上）：様式第23号（労働者死傷病報告書）

労働者死傷病報告

様式第23号（第97条関係）（表面）

様式番号	81001
労働保険番号（建設業の工事に従事する下請人の労働者が被災した場合、元請人の労働保険番号を記入すること。）	13112123456123123 4（都道府県・所掌・管轄・基幹番号・枝番号・被一括事業場番号）
事業の種類	職別工事業(設備工事業を除く)
事業場の名称（建設業にあつては工事名を併記のこと。）カナ	サンカクサンカクケンセツカブシキカイシャトウキョウ
漢字	△△建設株式会社東京支店
工事名	◆◆ビル建設工事
職員記入欄　派遣先の事業の労働保険番号	
派遣労働者が被災した場合は、派遣先の事業場の郵便番号	
事業場の所在地	東京都千代田区△△町１－１－１　電話 03（1234）4567
構内下請事業の場合は親事業場の名称、建設業の場合は元方事業場の名称	○○建設株式会社
派遣労働者が被災した場合は、派遣先の事業場の名称	
提出事業者の区分（派遣先・派遣元）	
郵便番号	100－1234
労働者数	10人
発生日時（時間は24時間表記とすること。）	7：平成　9：令和　9050301　1234（元号・年・月・日・時・分）
被災労働者の氏名（姓と名の間は1文字空けること。）カナ	レイワ タロウ
漢字	令和 太郎
生年月日	1：明治 3：大正 5：昭和 7：平成 9：令和　7120101（元号・年・月・日）（23）歳
性別	○男　女
職種	鳶工
経験期間	2　○年　月（いずれかに○）
休業見込期間又は死亡日時（死亡の場合は死亡欄に○）	休業見込　4　月　○週　日（いずれかに○）
死亡	
死亡日時	
傷病名	骨折
傷病部位	左踵
被災地の場所	東京都千代田区△△町１－１－１

災害発生状況及び原因

①どのような場所で ②どのような作業をしているときに ③どのような物又は環境に ④どのような不安全な又は有害な状態があつて ⑤どのような災害が発生したかを詳細に記入すること。

外部足場の組立て作業中、三段目の足場材を取り付けようとした際、バランスを崩し、足場より墜落した。なお、被災者は墜落制止用器具を装着していたが、使用していなかった。

略図（発生時の状況を図示すること。）

労働者が外国人である場合のみ記入すること。
国籍・地域（　　）　在留資格（　　）

職員記入欄：国籍・地域コード／在留資格コード／起因物／店社コード／業種分類／事故の型／発注者種類／事業場等区分／業務上疾病（1：該当　2：非該当）／自由設定項目 (1) (2) (3)

報告書作成者職氏名：工事課長 明治　次郎

令和５年　　３月　　11日

事業者職氏名　△△建設株式会社東京支店
支店長
厚生　太郎

中央労働基準監督署長殿

受付印

労働安全衛生法関係の届出・申請等帳票印刷に係る入力支援サービス　ver3.4

※「労働安全衛生法関係の届出・申請等帳票印刷に係る入力支援サービス」を利用して記載例を作成

業務災害（休業４日未満）：様式第24号（労働者死傷病報告書）

様式第 24 号（第 97 条関係）

労 働 者 死 傷 病 報 告

2023 年 1 月から 2023 年 3 月まで

事業の種類	事業場の名称(建設工事は元請事業者名、工事名を併記)				事業の所在地(建設工事は現場所在地を併記)		電話番号	労働者数
職別工事業	△△建設株式会社東京支店 ◆◆ビル建設工事				〒 東京都千代田区△△町1-1-1		03-1234-4567	10 人
被災労働者の氏名	性別	年令	職種	派遣労働者の場合は○	発生月日	傷病名及び傷病の部位	休業日数	災害発生状況（派遣労働者が被災した場合は派遣先事業場名を記載すること）
昭和　三郎	㊚・女	28 才	鳶工		1 月 15 日	右手指切創	1 日	足場組立作業中、同僚より受け渡された足場材（筋交い）を持ちなおそうとして右手指を切創した。
平成　四郎	㊚・女	26 才	鳶工		3 月 20 日	右足首捻挫	2 日	現場詰所から作業場所へ向かう途中、段差につまずき、右足首を捻って被災した。
	男・女	才			月 日		日	
	男・女	才			月 日		日	
	男・女	才			月 日		日	
	男・女	才			月 日		日	

報告書作成者職氏名	職名 工事課長 氏名 明治 次郎

2023年 4 月 30 日

事業者職氏名 △△建設株式会社東京支店 支店長 厚生 太郎

中央 労働基準監督署長 殿

事業場とは

労働基準監督署では会社を事業場という単位で呼んでいる。この事業場は、原則として次のような考えに基づいている。

① 労働者が実際に働いている場所であること。

② 場所的に独立していること。

具体的には、各工事現場を１つの事業場と考える。そして、その工事現場の所在地を管轄する労働基準監督署に報告を行う。

出張作業の場合は、労働者が所属している事業場で報告を行う。

（建設業の場合、原則工事現場を管轄する監督署）（P53参照）

届出は社長名でなく支店長等で構わないのか？

労働安全衛生法に基づく報告、届出および検査の申請で、通常の事業活動として支店、事業場等の単位で処理している事項を内容とするものの提出者名義については、当該事業場に係るこれらの報告等を行う職務権限が当該支店、事業場等の長に委譲されている場合には、当該事業者名を記載したうえ、当該支店、事業場等の長の職および氏名で行っても差し支えないものとして扱われたい（昭和48年１月８日　基安発第２号）。

労働者死傷病報告書が一部変わり、電子申請が義務に！

令和５（2023）年７月施行の改正法令により、報告者（事業者）の負担軽減や報告内容の適正化、統計処理の効率化等をより一層推進するため、令和７年１月１日より**報告は原則として電子申請**となる。電子申請によることが困難な場合における紙媒体での報告については経過措置とされる（予定。令和５年６月時点）。

・対象となる報告書

以下の報告について、原則、電子申請により行う（電子申請によることが困難な場合における従来様式での報告については経過措置とされる）。

- ・労働者死傷病報告　（労衛則第97条：様式第23号、様式第24号）
- ・じん肺健康管理実施状況報告　（じん肺法施行規則第37条・様式第８号）
- ・総括安全衛生管理者・安全管理者・衛生管理者・産業医選任報告　（安衛則第２条、第４条、第７条、第13条・様式第３号）
- ・定期健康診断結果報告書　（安衛則第52条・様式第６号）
- ・有害な業務に係る歯科健康診断結果報告書　（安衛則第52条・様式第６号の２）
- ・心理的な負担の程度を把握するための検査結果等報告書　（安衛則第52条の21・様式第６号の３）
- ・有機溶剤等健康診断結果報告書　（有機則第30条の３・様式第３号の２）

・死傷病報告は報告書の一部も変更に

詳細な業種や職種別の集計、災害発生状況、要因等の的確な把握が容易となるよう、以下の点が変更される。

「事業の種類」欄は、日本標準産業分類の分類コード4桁で入力することになる。

「職種」欄は、日本標準職業分類の分類コード3桁で入力することになる。

「災害発生状況及び原因」欄は、従来は記載の留意事項として以下の事項について、報告者が漏れなく報告できるよう、記載欄が分割される。

① どのような場所で

② どのような作業をしているときに

③ どのような物または環境に（化学物質による被災の場合、化学物質の名称を記載する）

④ どのような不安全または有害な状態があって（保護具を着用していなかった等を記載する）

⑤ どのような災害が発生したか

・休業4日未満の報告も一部変更

休業4日未満の災害に係る報告について、電子申請の原則義務化に伴い、一層の活用を図るため、「労働保険番号」や「被災者の経験期間」、「国籍・在留資格」、「親事業場等の名称」、「災害発生場所の住所」等、従来は様式上、明確に記入欄が設けられていなかった事項についても報告事項に加える。災害データのさらなる活用に当たって必要となるためである。

事故報告書：様式第22号

様式第 22 号（第 96 条関係）

事 故 報 告 書

事業場の種類	事業場の名称（建設業にあつては工事名併記のこと）	労働者数
職別工事業	△△建設株式会社東京支店 ◆◆ビル建設工事	10 人

事業場の所在地	発生場所
東京都千代田区△△町１－１－１ （電話　03-1234-4567　）	東京都千代田区△△町１－１－１
発生日時	事故を発生した機械等の種類等
令和５年　３月　１９日　１６時　３０分	移動式クレーン　2.9ｔ
構内下請事業の場合は親事業場の名称 建設業の場合は元方事業場の名称	○○建設株式会社
事故の種類	移動式クレーンの転倒

人的被害

区分		死亡	休業4日以上	休業1～3日	不休	計
事故発生事業場の被災労働者数	男					
	女					
その他の被災者の概数						（　　）

物的被害

区分	名称、規模等	被害金額
建物	m^2	円
その他の建設物		円
機械設備	ブーム折損	900,000 円
原材料		円
製品		円
その他		円
合計		円

事故の発生状況	積載型トラッククレーンにて鉄筋材を荷下ろし中、積載型トラッククレーンが傾き、転倒した。
事故の原因	アウトリガーを最大限に張り出していなかった。
事故の防止対策	アウトリガーは必ず最大限に張り出す。
参考事項	
報告書作成者職氏名	工事課長　明治　次郎

令和５年　３月　３０日

中央労働基準監督署長殿

事業者　職　氏名　△△建設株式会社東京支店
支店長　厚生　太郎

備考

1 「事業の種類」の欄には、日本標準産業分類の中分類により記入すること。
2 「事故の発生した機械等の種類等」の欄には、事故発生の原因となった次の機械等について、それぞれ次の事項を記入すること。
 (1) ボイラー及び圧力容器に係る事故については、ボイラー、第一種圧力容器、第二種圧力容器、小型ボイラー又は小型圧力容器のうち該当するもの。
 (2) クレーン等に係る事故については、クレーン等の種類、型式及びつり上げ荷物又は積載荷重。
 (3) ゴンドラに係る事故については、ゴンドラの種類、型式及び積載荷重。
3 「事故の種類」の欄には、火災、鎖の切断、ボイラーの破裂、クレーンの逸走、ゴンドラの落下等具体的に記入すること。
4 「その他の被災者の概数」の欄には、届出事業者の事業場の労働者以外の被災者の数を記入し、（ ）内には死亡者数を内数で記入すること。
5 「建物」の欄には構造及び面積、「機械設備」の欄には台数、「原材料」及び「製品」の欄にはその名称及び数量を記入すること。
6 「事故の防止対策」の欄には、事故の発生を防止するために今後実施する対策を記入すること。
7 「参考事項」の欄には、当該事故において参考になる事項を記入すること。
8 この様式に記載しきれない事項については、別紙に記載して添付すること。
9 氏名を記載し、押印することに代えて、署名することができる。

6 所轄労働基準監督署とは？

安衛則第97条によれば、労働者死傷病報告書の提出先は所轄の労働基準監督署となっている。

では、所轄とはどこの監督署のことか？

具体的には、災害を発生させた現場の所在地を管轄する監督署のことを指す。

ただし、ここで気をつけなければならないことは、被災者がその現場に在籍していたか、出張で訪れていたかによって異なる。

なお、労災保険を一括有期事業として支店の所在地の監督署に一括で付保していても、労働者死傷病報告書の提出先と一致しなくても構わない。

例

① **川崎市川崎区のビル建設工事に常駐して、その現場で被災した場合**
(労務管理はしていないが、現場事務所を設置している)
➡川崎市川崎区のビル建設工事の所在地を管轄する監督署

② **横浜市港北区の営業所を本務地として、川崎市川崎区の修繕工事中に被災した場合**
(現場事務所もなく、出張して修繕工事を行っている)
➡横浜市港北区の営業所の所在地を管轄する監督署（出張災害のため、本務地の営業所での届出となる）

③ **川崎市川崎区の建設工事に、東京都中央区にある東京支店の安全担当者がパトロールで訪れ、その現場で被災した場合**
➡東京都中央区にある東京支店の所在地を管轄する監督署
(出張災害のため、東京支店での届出となる)

ここがポイント

- 所轄の労働基準監督署かどうかを判断するポイントは、現場事務所を設置しているかどうか（配属された人数で判断されるのではない)。
  ➡現場事務所を設置していれば、適用事業としてみなされる。
  ※現場事務所は、仮建物、テナントビルの一室、マンションの一室等
- 現場事務所のないような小規模な修繕工事は、本務地からの出張災害となる場合が多い。
  ➡不明な場合は、監督署とよく相談すること。

7 休業日数の数え方について

◎休業日数の数え方について

> 「労働者死傷病報告書へ記載する休業日数」と「労災保険の休業補償給付」にかかる起算日が異なる

◎労働者死傷病報告書へ記載する休業日数 ➡ 災害発生日の翌日起算

※始業の前に被災した場合は、当日起算

◎労災保険の休業補償給付 ➡ 当日起算

※就業時間が過ぎて、残業している時は翌日起算

安衛法では、休業日数についてはカウントの定義はない。

したがって、民法の条文にしたがってカウントすることになる。

期間の初日は、算入しない。 ➡ 翌日からカウントする。

※労災保険の休業補償給付は通達により当日起算（P65参照）

民法

第138条（期間の計算の通則）

期間の計算方法は、法令若しくは裁判上の命令に特別の定めがある場合又は法律行為に別段の定めがある場合を除き、この章の規定に従う。

第140条（期間の起算）

日、週、月又は年によって期間を定めたときは、期間の初日は、算入しない。ただし、その期間が午前零時から始まるときは、この限りでない。

ここがポイント

●休業日数については労働災害発生日の翌日から起算して日数をカウントするので、災害発生日の翌日に事業場に出勤している場合は、休業日数が0日となり労働者死傷病報告書の提出は必要ない。

➡不休災害は、監督署へ報告する義務はない。

ケース1

金曜日の就業中に災害が発生。翌日は仕事があったが、ケガのため休業。日曜日はもともと全休。翌週の月曜日と火曜日もケガのため休業。その次の水曜日から出勤。以後は休業なし。

	月	火	水	木	金	土	日
第１週					災害発生	×	全休
第２週	×	×	○	○	○	○	全休

×：仕事があったがケガで働けず、○：出勤、全休：会社が全休ということ

◎労働者死傷病報告書へ記載する休業日数

➡ 土、日、月、火曜日の４日間の休業（様式第23号を遅滞なく報告）
※翌日起算。日曜日も数える。

➡ 日曜日は全休だが、土、月曜日に仕事ができないので、日曜日も仕事ができない状態として数える。

◎労災保険の休業補償給付

➡ 金、土、日、月、火曜日の５日間の休業補償
※休業補償は４日目から、月、火の２日分が労災保険から支払われる
※金、土、日曜日の３日間については、事業主が負担する
※この事業主とは、原則として元請のことをいう **(P77参照)**

ケース2

金曜日の就業中に災害が発生。翌日は仕事があったが、ケガのため休業。日曜日はもともと全休。翌週の月曜日から出勤。以後は休業なし。

	月	火	水	木	金	土	日
第１週					災害発生	×	全休
第２週	○	○	○	○	○	○	全休

×：仕事があったがケガで働けず、○：出勤、全休：会社が全休ということ

◎労働者死傷病報告書へ記載する休業日数

➡ 土曜日の１日間の休業（様式第24号を四半期ごとにまとめて報告）
※翌日起算。月曜日から出ているので日曜日は数えない
ただし、日曜日も働けない状態であれば土日の２日間とする。

◎労災保険の休業補償給付

➡ 金、土曜日の２日間の休業
※休業補償は労災保険から支払われない

➡ **金、土曜日の２日間については、事業主（元請）が負担する。**
ただし、日曜日も働けない状態であれば３日分負担する。

ケース3

金曜日の就業中に災害が発生。翌日は仕事があったが、ケガのため休業。日曜日はもともと全休。翌週の月曜日はケガのため休業。火曜日は出勤。以後は休業なし。

	月	火	水	木	金	土	日
第1週					災害発生	×	全休
第2週	×	○	○	○	○	○	全休

×：仕事があったがケガで働けず、○：出勤、全休：会社が全休ということ

◎労働者死傷病報告書への記載する休業日数
➡ 土、日、月曜日の3日間の休業
（様式第24号を四半期ごとにまとめて報告）
※日曜日は全休だが、土、月曜日に仕事ができないので、日曜日も仕事ができない状態と思われるので、3日と数える

◎労災保険の休業補償給付
➡ 金、土、日、月曜日の4日間の休業
※休業補償は4日目の月曜日の1日分が労災保険から支払われる
金、土、日曜日の3日間については、事業主（元請）が負担する

ケース4

金曜日の就業中に災害が発生。翌日は仕事があり出勤。日曜日はもともと全休。翌週の月曜日は出勤。翌週の火曜日から金曜日はケガのため休業。土曜日は出勤。以後は休業なし。

	月	火	水	木	金	土	日
第1週					災害発生	○	全休
第2週	○	×	×	×	×	○	全休

×：仕事があったがケガで働けず、○：出勤、全休：会社が全休ということ

◎労働者死傷病報告書への記載する休業日数
➡ 翌週の火曜日から金曜日の4日間の休業
（様式第23号を遅滞なく報告）

◎労災保険の休業補償給付
➡ 金、翌週の火曜日から金曜日の5日間の休業
※休業補償は4日目から、翌週の木曜日から金曜の2日分が労災保険から支払われる
金、翌週の火、水曜日の3日間については、事業主（元請）が負担する

こんな場合はどうなるの？

『派遣労働者の労働者死傷病報告書の提出は誰がするのか？』

A 「労働者が労働災害等により死亡又は休業したとき、事業者は所轄の労働基準監督署に労働者死傷病報告書を提出しなければならない」とされています（安衛法第100条、安衛則第97条）。

ただし、派遣労働者が派遣中に労働災害等により死亡または休業したときは、派遣先および派遣元の事業者がそれぞれの事業場を所轄する労働基準監督署長に労働者死傷病報告書を提出しなければなりません（労働者派遣法第45条第15項）。

派遣先事業者は、所轄労働基準監督署長に提出した労働者死傷病報告書の写しを派遣元事業場に送付してください（労働者派遣法施行規則第42条）。

※なお、元請や設備のサブコンの工事管理者の派遣は認められていますが、建設作業員の派遣は認められていませんので、ご注意ください

労働者派遣法第45条第15項

（労働安全衛生法の適用に関する特例等）《抜粋》

労働者派遣法第45条各項の規定による労働安全衛生法の特例については、安衛法第100条中「事業者」とあるのは「事業者（**派遣先の事業者を含む。**）」、第100条中「この法律」とあるのは「安衛法及び派遣法第45条の規定」と、安衛法第92条中「この法律の規定に違反する罪」とあるのは「安衛法（派遣法第45条の規定により適用される場合を含む。）に違反する罪（労働者派遣法第45条第7項の規定による第119条及び第122条の罪を含む。）並びに労働者派遣法第45条第12項及び第13項の罪」として、これらの規定（これらの規定に係る罰則の規定を含む。）を適用する。

労働者派遣法施行規則第42条

（派遣中の労働者に係る労働者死傷病報告の送付）

派遣先の事業を行う者は、労働安全衛生規則第97条第1項の規定により派遣中の労働者に係る同項の報告書を所轄労働基準監督署長に提出したときは、遅滞なく、その写しを当該派遣中の労働者を雇用する派遣元の事業の事業者に送付しなければならない。

ここがポイント

≪平成16年の改正点≫

- 派遣労働者の死傷病報告書の提出は、派遣先および派遣元の事業者の両方。
- 派遣先事業者は、監督署に提出した労働者死傷病報告書の写しを派遣元事業場に送付する。
- 派遣元事業者は、自社を管轄する監督署へ提出する。

8 労災かくしとは？

◎労災かくしとは？

労災かくしとは、休業災害にもかかわらず労働者死傷病報告書を提出しないこと。また、虚偽の報告も「労災かくし」になる。

具体的には以下の２つが該当する。

①被災者の所属の会社の事業主（社長）が労働者死傷病報告書を提出しない場合。

②被災者の所属の会社の事業主（社長）が虚偽の労働者死傷病報告書を提出した場合。

> 安衛則第97条（労働者死傷病報告）違反が「労災かくし」となる
> ※安衛則第97条（P46参照）

ここがポイント

- 不休災害は、監督署への報告義務はない。（休業災害が報告の対象）
- **嘘の報告も「労災かくし」**となる。
- 労災保険の給付の手続きをしたとしても、「労働者死傷病報告書」**を提出していなければ、**安衛則第97条違反**（労災かくし）となる。**
- 元請の担当者も**「労災かくし」を知っていれば共犯**として罰せられる。

9 労災保険（業務災害）の給付の概要

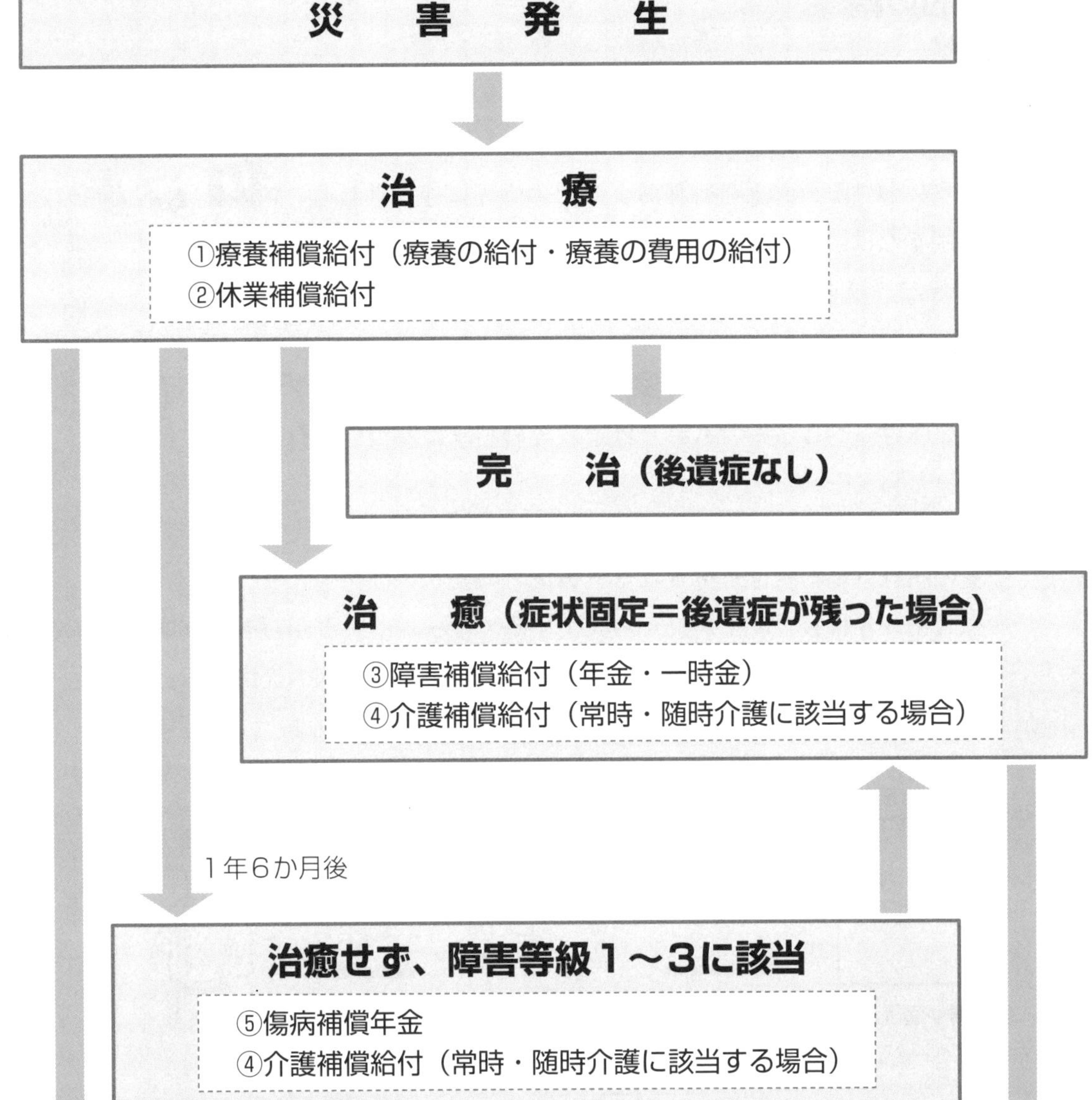

①療養補償給付（療養の給付・療養の費用の給付）

（1）給付の範囲

・診察

・薬剤または治療材料の支給

・処置、手術その他の治療

・居宅における療養上の管理およびその療養に伴う世話その他の看護

・病院または診療所への入院およびその療養に伴う世話その他の看護

・移送

（2）給付の方法（全額労災保険負担：労働者等の負担はない。）

補償を受けるべき労働者もしくは遺族等の請求に基づいて行う。

◎療養の給付（労災指定病院等）

療養の給付（現物給付）をされる（被災者の支払いは発生しない）。

➡様式第５号は監督署や病院から入手する。ホームページからもダウンロードできる。元請の証明を記載した後、請求者の署名をして病院へ提出する。その後、病院で証明してから、病院より監督署に送付される。

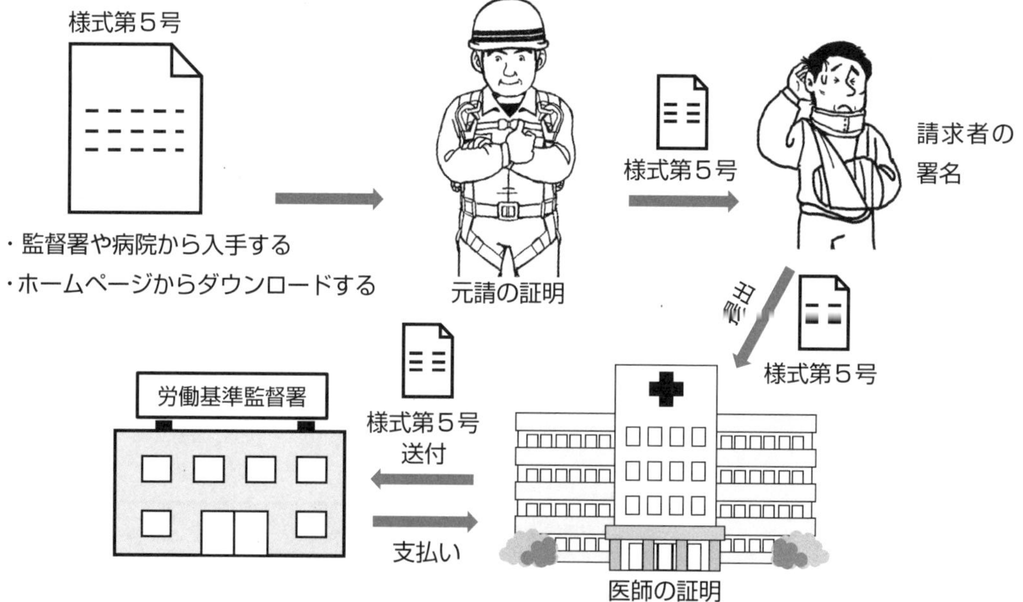

※場合によって、順番が入れ替わる場合もある
所属会社や元請が代行することもある

◎**療養の費用の支給（労災指定病院等以外の病院等）**

被災者が支払いを立て替えることになる。

➡様式第７号は監督署や病院から入手する。ホームページからもダウンロードできる。元請の証明を記載した後、請求者の署名をして病院へ提出する。その後、病院で証明してから、本人より監督署に提出し、後日振込される。

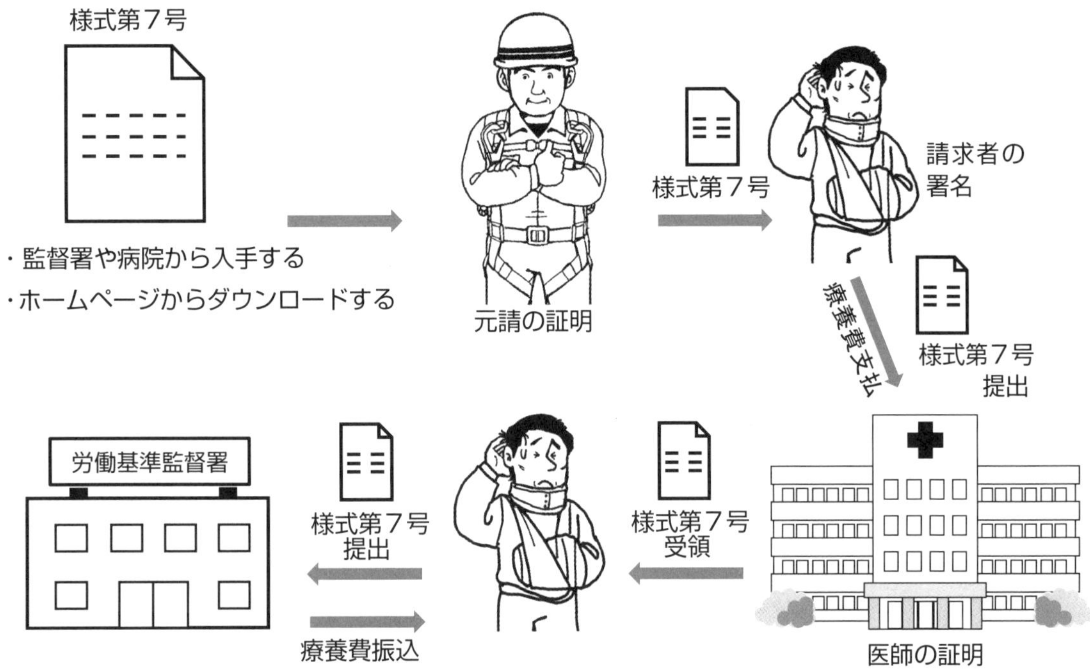

※場合によって、順番が入れ替わる場合もある
所属会社や元請が代行することもある

ここがポイント

- 全額労災保険で賄われる。被災者の一部負担金はない。
- **原則は、療養の給付**。労災指定病院等以外の病院等、**療養の給付が困難な場合は現金給付**（療養の給付は現物給付。療養の費用の給付は現金給付）。
- 傷病が治癒（完治もしくは症状固定）するか、被災者が死亡して療養の必要がなくなるまで行われる。
  ➡治癒後、再び療養を要する場合は、再発として再び療養補償給付が行われる。
- 療養の給付には時効はないが、療養の費用の支給には時効がある。
  ➡療養の費用を払った日ごとに、その翌日より起算して２年。

様式５号　表面　記載例

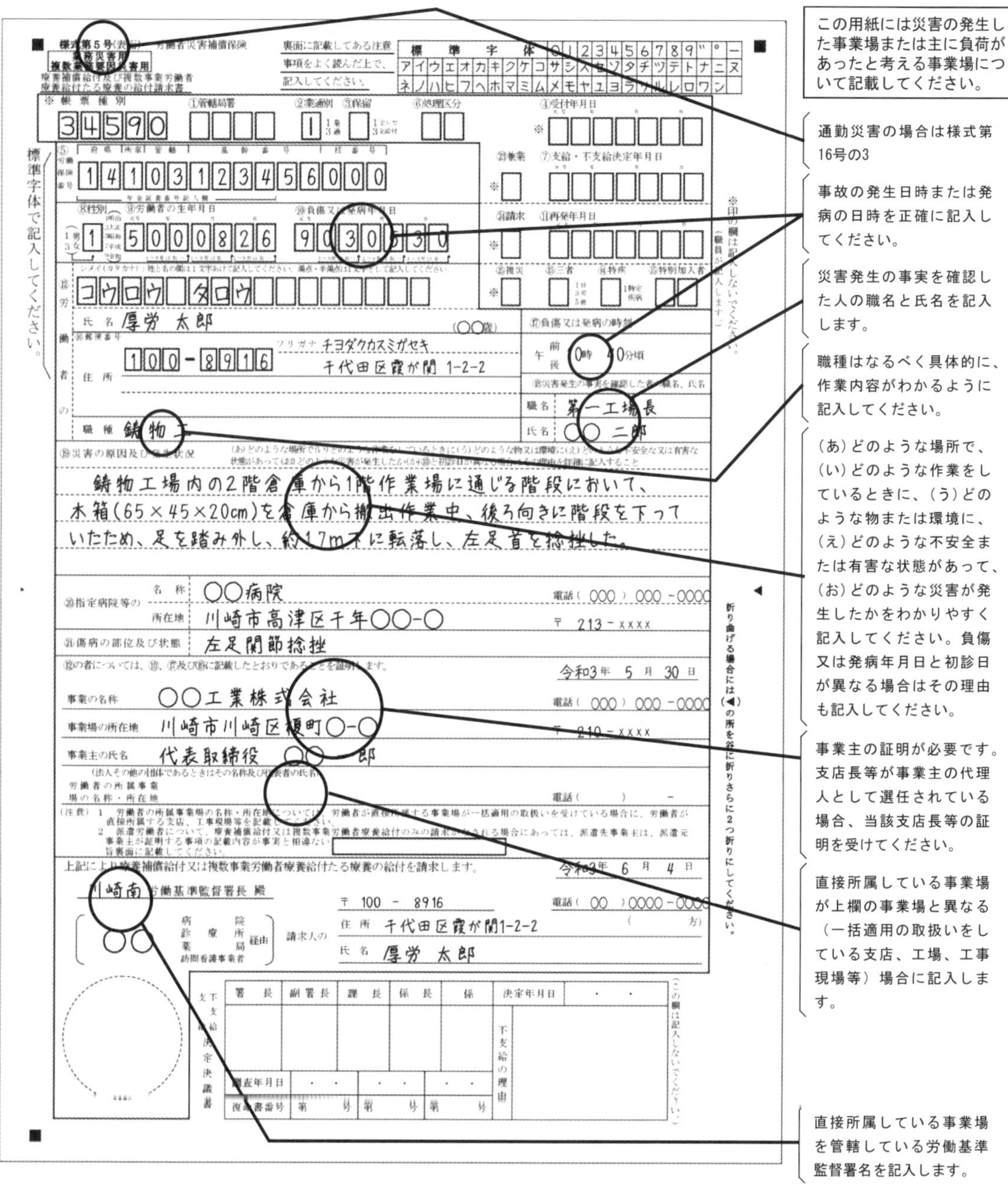

様式第５号(表面)　労働者災害補償保険
業務災害用
複数業務要因災害用
療養補償給付及び複数事業労働者療養給付たる療養の給付請求書

裏面に記載してある注意事項をよく読んだ上で、記入してください。

帳票種別 34590　①管轄局署　②業通別 1　③保留　⑥処理区分　④受付年月日

⑤労働保険番号 14103123456000

⑧性別 1　⑨労働者の生年月日 5000826　⑩負傷又は発病年月日 9030530

シメイ（カタカナ） コウロウ タロウ

労働者の　氏名 厚労 太郎 （○○歳）
郵便番号 100－8916　フリガナ チヨダクカスミガセキ
住所 千代田区霞が関 1-2-2
職種 鋳物工

⑦負傷又は発病の時刻　午前／後 10時 40分頃
⑱災害発生の事実を確認した者の職名、氏名
職名 第一工場長
氏名 ○○ 二郎

⑲災害の原因及び発生状況
鋳物工場内の２階倉庫から１階作業場に通じる階段において、木箱（65×45×20cm）を倉庫から搬出作業中、後ろ向きに階段を下っていたため、足を踏み外し、約1.7m下に転落し、左足首を捻挫した。

⑳指定病院等の　名称 ○○病院　電話（000）000－0000
所在地 川崎市高津区千年○○-○　〒 213－xxxx

㉑傷病の部位及び状態 左足関節捻挫

㉒の者については、⑩、⑰及び⑲に記載したとおりであることを証明します。　令和3年 5月 30日

事業の名称 ○○工業株式会社　電話（000）000－0000
事業場の所在地 川崎市川崎区榎町○-○　〒 210－xxxx
事業主の氏名 代表取締役 ○○ 一郎

労働者の所属事業場の名称・所在地　電話（　）　－

上記により療養補償給付又は複数事業労働者療養給付たる療養の給付を請求します。　令和3年 6月 4日

川崎南 労働基準監督署長 殿

請求人の　〒 100－8916　電話（00）0000－0000
住所 千代田区霞が関1-2-2
氏名 厚労 太郎

令和３年１月７日付け通達「労災保険における請求書等に係る押印等の見直しの留意点について」により、労災保険関係の請求書等については、押印または署名が無くても受付する取扱いとする見直しが行われた。

これにより、請求書等の書類について、請求人の記名欄や事業主等の証明欄に氏名や住所の記載があれば押印が無いものであっても受付される。

様式５号　裏面　記載例

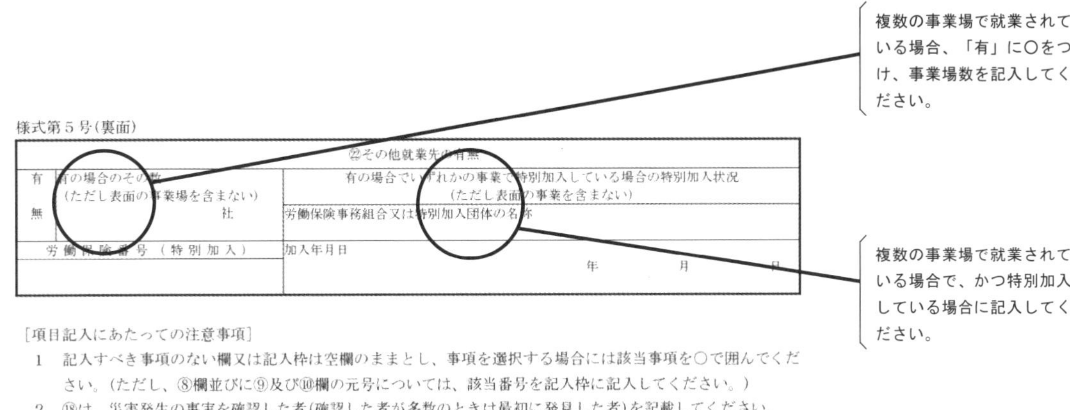

様式第５号(裏面)

㉒その他就業先の有無		
有 無	有の場合のその数 (ただし表面の事業場を含まない) 社	有の場合でいずれかの事業で特別加入している場合の特別加入状況 (ただし表面の事業を含まない) 労働保険事務組合又は特別加入団体の名称
労働保険番号（特別加入）		加入年月日 年　月　日

[項目記入にあたっての注意事項]

1　記入すべき事項のない欄又は記入枠は空欄のままとし、事項を選択する場合には該当事項を○で囲んでください。(ただし、⑧欄並びに⑨及び⑩欄の元号については、該当番号を記入枠に記入してください。)

2　⑱は、災害発生の事実を確認した者(確認した者が多数のときは最初に発見した者)を記載してください。

3　傷病補償年金又は複数事業労働者傷病年金の受給権者が当該傷病に係る療養の給付を請求する場合には、⑤労働保険番号欄に左詰めで年金証書番号を記入してください。また、⑨及び⑩は記入しないでください。

4　複数事業労働者療養給付の請求は、療養補償給付の支給決定がなされた場合、遡って請求されなかったものとみなされます。

5　㉒「その他就業先の有無」欄の記載がない場合又は複数就業していない場合は、複数事業労働者療養給付の請求はないものとして取り扱います。

6　疾病に係る請求の場合、脳・心臓疾患、精神障害及びその他二以上の事業の業務を要因とすることが明らかな疾病以外は、療養補償給付のみで請求されることとなります。

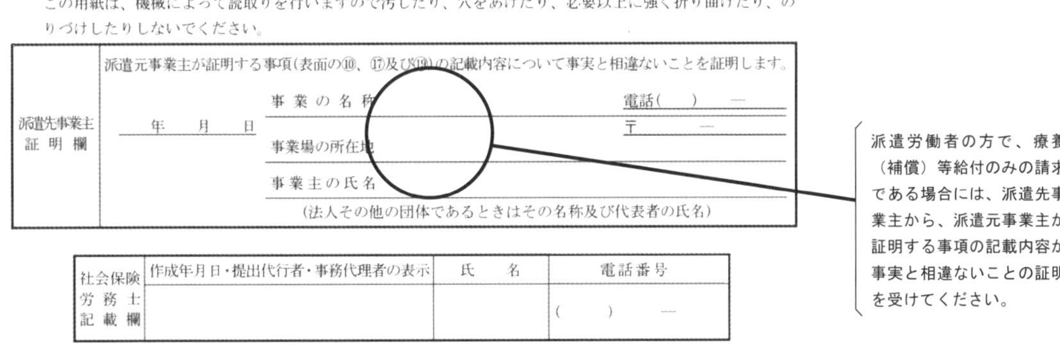

[その他の注意事項]

この用紙は、機械によって読取りを行いますので汚したり、穴をあけたり、必要以上に強く折り曲げたり、のりづけしたりしないでください。

派遣先事業主 証明欄	派遣元事業主が証明する事項(表面の⑩、⑰及び⑲)の記載内容について事実と相違ないことを証明します。 年　月　日　事業の名称　電話(　)　― 〒　― 事業場の所在地 事業主の氏名 (法人その他の団体であるときはその名称及び代表者の氏名)

社会保険 労務士 記載欄	作成年月日・提出代行者・事務代理者の表示	氏　名	電話番号
			(　)　―

厚生労働省　リーフレット「労災保険　療養（補償）等給付の請求手続」より

②休業補償給付

（1）休業補償給付の支給要件（労災保険法第14条）

下記のいずれの要件も満たしている場合に支給される。

・業務上の負傷または疾病による療養のため

・労働することができない

・賃金を受けない日があること

（2）休業補償給付の給付額

1日につき給付基礎日額の100分の60（60%）に相当する額とする。

ただし、実際は1日につき給付基礎日額の80%が支給される。

休業補償給付	=	（給付基礎日額の60%）×休業日数
休業特別支給金	=	（給付基礎日額の20%）×休業日数
小　計		（給付基礎日額の80%）×休業日数

【給付基礎日額＝労基法上の平均賃金に相当する額】

（原則）

$$平均賃金 = \frac{算定すべき事由の発生した日以前3か月間に その労働者に対し支払われた賃金の総額}{算定すべき事由の発生した日以前3か月間の総日数}$$

（賃金が日給、時給、出来高払制その他の請負制によって定められた場合）

算定すべき事由の発生した日以前3か月間における賃金・労働日数

$$平均賃金 = \frac{賃金の総額}{労働した日数} \times \frac{60}{100}$$

※賃金の一部が、月、週その他一定の期間によって定められた場合においては、その部分の総額をその期間の総日数で除した金額と原則の金額の合算額とする

※「以前3か月間」は、災害発生日の前日からさかのぼる

※賃金の締切日がある場合は、直前の賃金締切日から起算する

（3）休業補償給付の待期期間

休業の初日から第３日目までを待期期間といい、この間は業務災害の場合、使用者が労働基準法の規定に基づく休業補償（１日につき平均賃金の60%）を行うこととなる（労基法第75条）。

通勤災害は、使用者の補償責任についての法令上の規定はない。

※この場合の使用者は、元請負人のことをいう（労基法第87条）

労災保険法第14条

休業補償給付は、労働者が業務上の負傷又は疾病による療養のため労働することができないために賃金を受けない日の第４日目から支給する。

待期期間は、継続していると断続しているとを問わず、実際に休業した日が通算して３日あれば成立する。（昭和40年７月31日　基発901号）

業務上の事由により負傷した場合、それが所定労働時間内であれば、その日は休業日に算入されるが、残業中（所定労働時間外）に業務上により負傷した場合、負傷当日は休業日に算入されない。（昭和27年８月８日　基収3208号）。

（4）休業補償給付の支給期間

休業補償給付は、賃金を受けない日の４日目から、休業する日のある限り支給される。

➡休業補償給付は、療養補償給付と併給される。

ただし、療養開始後１年６か月を経過した日またはその日以後、次の要件に該当するとき、休業補償給付は打ち切られ、傷病補償年金が支給される。

・その傷病が治っていないこと

・その傷病による障害の程度が傷病等級（１～３級）に該当していること

ここがポイント

- 休業補償給付の60％は、労基法第75条および第84条に基づいて支給される。
- 休業補償給付では、災害当日は所定労働時間内であれば、その日は休業日に算入されるが、労働者死傷病報告書の休業日は災害翌日からカウントする（P54参照）。
- 複数事業労働者の給付基礎日額については、複数就業先に係る給付基礎日額に相当する額を合計した額となる。

様式８号　表面　記載例

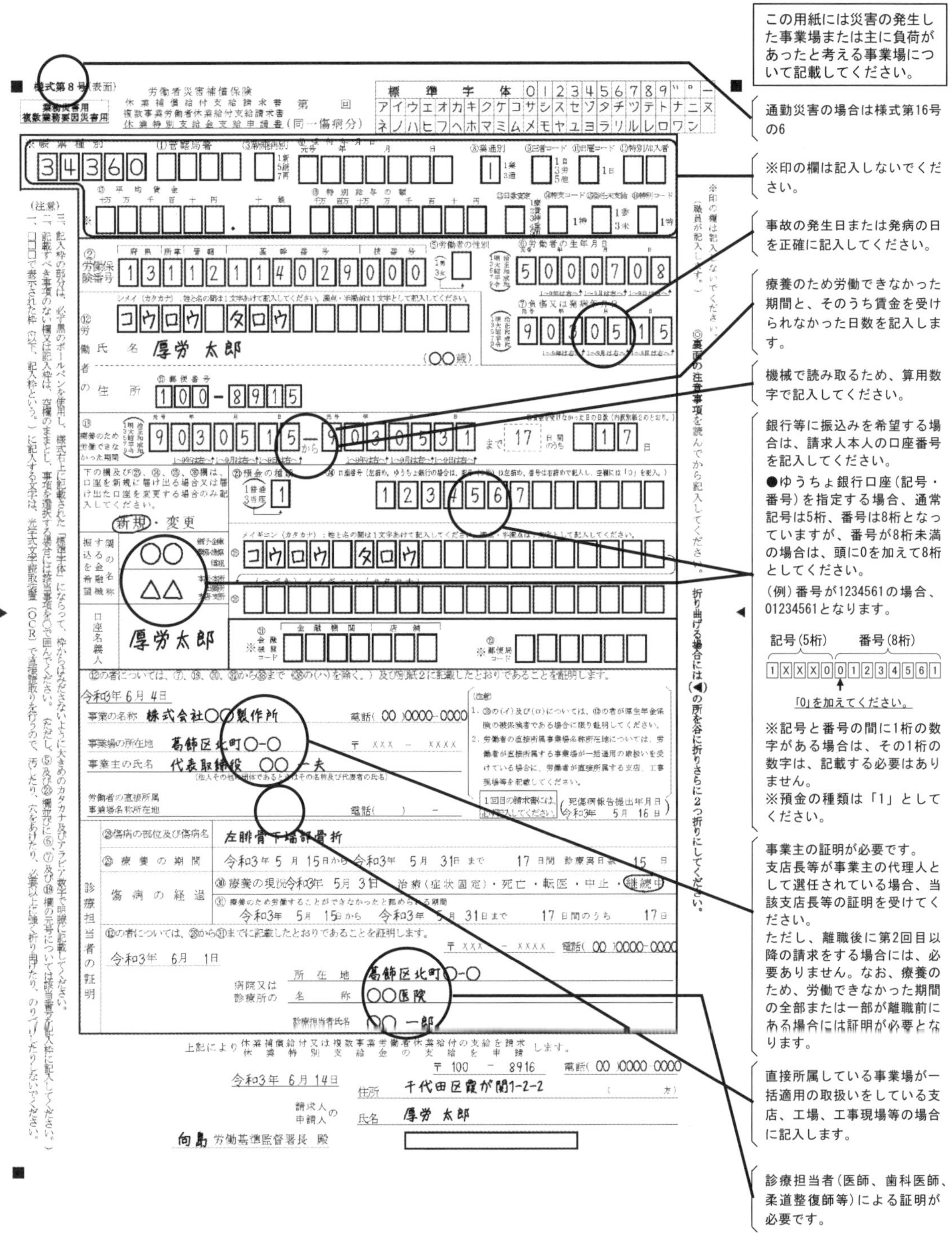

様式第８号（表面）
業務災害用
複数業務要因災害用

労働者災害補償保険
休業補償給付支給請求書
複数事業労働者休業給付支給請求書
休業特別支給金支給申請書（同一傷病分）
第　回

標準字体　0 1 2 3 4 5 6 7 8 9 ゛ ゜ ー
アイウエオカキクケコサシスセソタチツテトナニヌ
ネノハヒフヘホマミムメモヤユヨラリルレロワン

※帳票種別　34360
①管轄局署
②業通別　1
⑤労働保険番号　13112114029000
⑦負傷又は発病年月日　9030515
⑫労働者の氏名（カタカナ）　コウロウ　タロウ
氏名　厚労　太郎　（〇〇歳）
住所　郵便番号　100－8915
⑬療養のため労働できなかった期間　9030515 から 9030531 まで　17日間のうち　17日
下の欄及び㉒、㉔、㉖、㉘欄は、口座を新規に届け出る場合又は届け出た口座を変更する場合のみ記入してください。
新規・変更
⑳預金の種類　1
㉑口座番号　1234567
名義人（カタカナ）　コウロウ　タロウ
振込を希望する金融機関の名称　〇〇　△△
口座名義人　厚労太郎

⑫の者については、⑦、⑬、⑲、⑳から㉒まで（㉑の(ハ)を除く。）及び別紙2に記載したとおりであることを証明します。
令和3年　6月　4日
事業の名称　株式会社〇〇製作所　電話（00）0000－0000
事業場の所在地　葛飾区北町〇－〇　〒 XXX － XXXX
事業主の氏名　代表取締役　〇〇　一夫
（法人その他の団体であるときはその名称及び代表者の氏名）
労働者の直接所属事業場名称所在地
1回目の請求書には、必ず記入してください。（死傷病報告提出年月日　令和3年　5月　16日）

診療担当者の証明
㉓傷病の部位及び傷病名　左腓骨下端部骨折
㉔療養の期間　令和3年 5月 15日から 令和3年 5月 31日まで　17日間　診療実日数　15日
㉕療養の現況　令和3年　5月　3日　治癒（症状固定）・死亡・転医・中止・継続中
㉖療養のため労働することができなかったと認められる期間　令和3年 5月 15日から 令和3年 5月 31日まで　17日間のうち　17日
⑫の者については、㉓から㉖までに記載したとおりであることを証明します。
令和3年　6月　1日
〒 XXX － XXXX　電話（00）0000－0000
病院又は診療所の　所在地　葛飾区北町〇－〇
名称　〇〇医院
診療担当者氏名　〇〇　一郎

上記により休業補償給付又は複数事業労働者休業給付の支給を請求します。
休業特別支給金の支給を申請します。
令和3年 6月 14日
〒 100 － 8916　電話（00）0000－0000
請求人 申請人の　住所　千代田区霞が関1-2-2
氏名　厚労　太郎
向島　労働基準監督署長　殿

様式８号　裏面　記載例

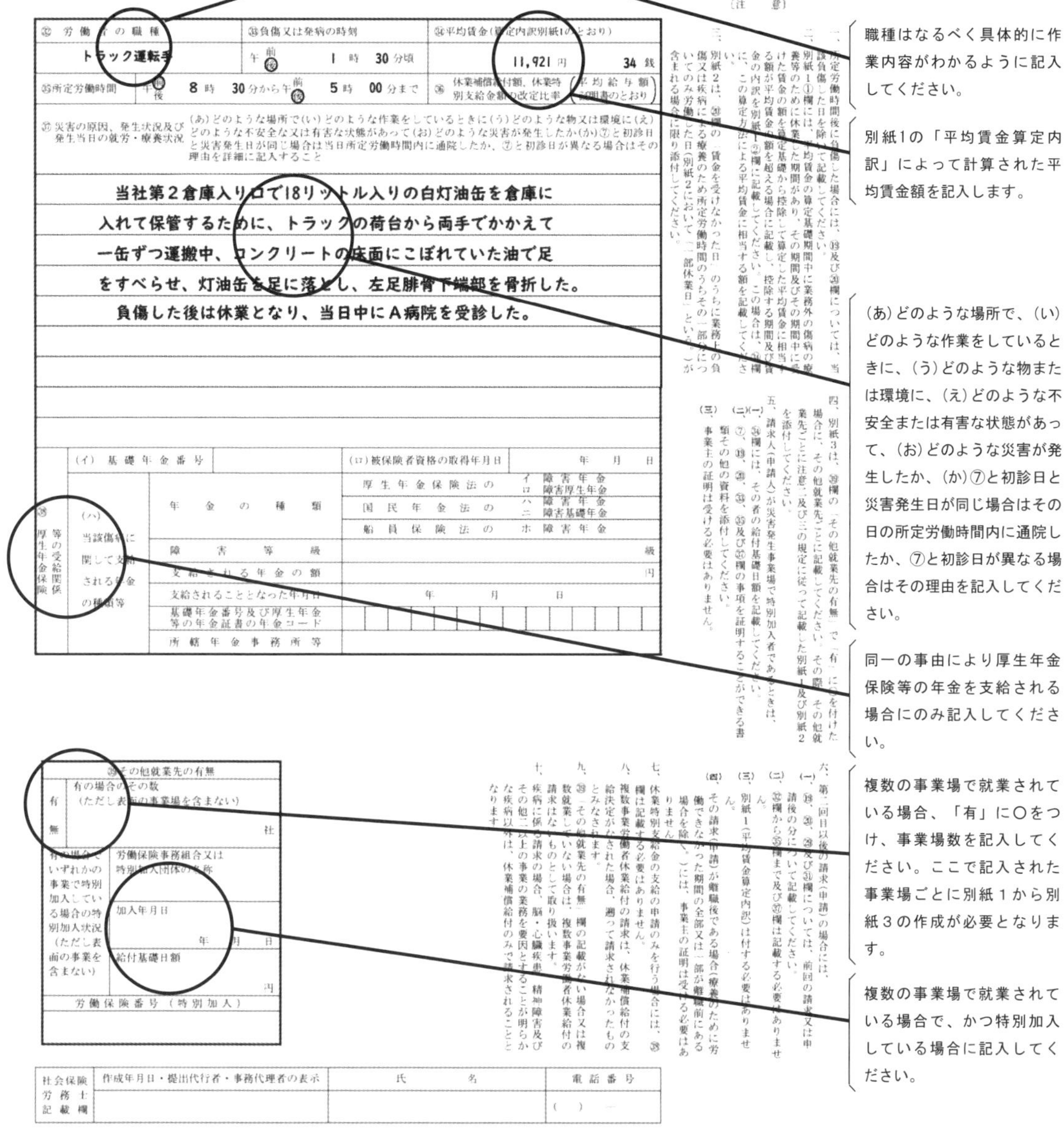

様式第８号（裏面）

㉜ 労働者の職種	㉝負傷又は発病の時刻	㉞平均賃金（算定内訳別紙１のとおり）
トラック運転手	午前・㊦後　1時　30分頃	11,921円　34銭

㉟所定労働時間	午㊥前・後　8時　30分から午前・㊦後　5時　00分まで	㊱ 休業補償給付額、休業特別支給金額の改定比率	（平均給与額証明書のとおり）

㊲ 災害の原因、発生状況及び発生当日の就労・療養状況　（あ）どのような場所で（い）どのような作業をしているときに（う）どのような物又は環境に（え）どのような不安全な又は有害な状態があって（お）どのような災害が発生したか（か）⑦と初診日と災害発生日が同じ場合は当日所定労働時間内に通院したか、⑦と初診日が異なる場合はその理由を詳細に記入すること

当社第２倉庫入り口で18リットル入りの白灯油缶を倉庫に入れて保管するために、トラックの荷台から両手でかかえて一缶ずつ運搬中、コンクリートの床面にこぼれていた油で足をすべらせ、灯油缶を足に落とし、左足腓骨下端部を骨折した。
負傷した後は休業となり、当日中にＡ病院を受診した。

㊳ 厚生年金保険等の受給関係				
	（イ）基礎年金番号		（ロ）被保険者資格の取得年月日	年　月　日
	（ハ）当該傷病に関して支給される年金の種類等	年金の種類	厚生年金保険法の	イ 障害年金 ロ 障害厚生年金
			国民年金法の	ハ 障害年金 ニ 障害基礎年金
			船員保険法の	ホ 障害年金
		障害等級		級
		支給される年金の額		円
		支給されることとなった年月日	年　月　日	
		基礎年金番号及び厚生年金等の年金証書の年金コード		
		所轄年金事務所等		

㊴その他就業先の有無		
有・無	有の場合のその数（ただし表面の事業場を含まない）	社
有の場合でいずれかの事業で特別加入している場合の特別加入状況（ただし表面の事業を含まない）	労働保険事務組合又は特別加入団体の名称	
	加入年月日	年　月　日
	給付基礎日額	円
労働保険番号（特別加入）		

社会保険労務士記載欄	作成年月日・提出代行者・事務代理者の表示	氏名	電話番号
			（　）　―

〔注　意〕

一、所定労働時間後に負傷した場合には、⑲及び⑳欄については、当該負傷した日を除いて記載してください。

二、別紙１①欄には、平均賃金の算定基礎期間中に業務外の傷病の療養等のために休業した期間があり、その期間及びその期間中に受けた賃金の額を算定基礎から控除して算定した平均賃金に相当する額が平均賃金の額を超える場合に記載し、控除する期間及び賃金の内訳を別紙１②欄に記載してください。この場合は、㉞欄に、この算定方法による平均賃金に相当する額を記載してください。

三、別紙２は、⑳欄の「賃金を受けなかった日」のうちに業務上の負傷又は疾病による療養のため所定労働時間のうちその一部分についてのみ労働した日（別紙２において「一部休業日」という。）が含まれる場合に限り添付してください。

四、別紙３は、㊴欄の「その他就業先の有無」で「有」に○を付けた場合に、その他就業先ごとに記載してください。その際、その他就業先ごとに注意二及び三の規定に従って記載した別紙１及び別紙２を添付してください。

五、請求人（申請人）が災害発生事業場で特別加入者であるときは、
（一）㉞欄には、その者の給付基礎日額を記載してください。
（二）⑦、⑲、⑳、㉝、㉟及び㊲欄の事項を証明することができる書類その他の資料を添付してください。
（三）事業主の証明は受ける必要はありません。

六、第二回目以後の請求（申請）の場合には、
（一）⑲、⑳、㉘及び㉛欄については、前回の請求又は申請後の分について記載してください。
（二）㉜欄から㉟欄まで及び㊲欄は記載する必要はありません。
（三）別紙１（平均賃金算定内訳）は付する必要はありません。
（四）その請求（申請）が離職後である場合（療養のために労働できなかった期間の全部又は一部が離職前にある場合を除く。）には、事業主の証明は受ける必要はありません。

七、休業特別支給金の支給の申請のみを行う場合には、㊳欄は記載する必要はありません。

八、複数事業労働者休業給付の請求は、休業補償給付の支給決定がなされた場合、遡って請求されなかったものとみなされます。

九、㊴「その他就業先の有無」欄の記載がない場合又は複数就業していない場合は、複数事業労働者休業給付の請求はないものとして取り扱います。

十、疾病に係る請求の場合、脳・心臓疾患、精神障害及びその他二以上の事業の業務を要因とすることが明らかな疾病以外は、休業補償給付のみで請求されることとなります。

様式８号　別紙　記載例

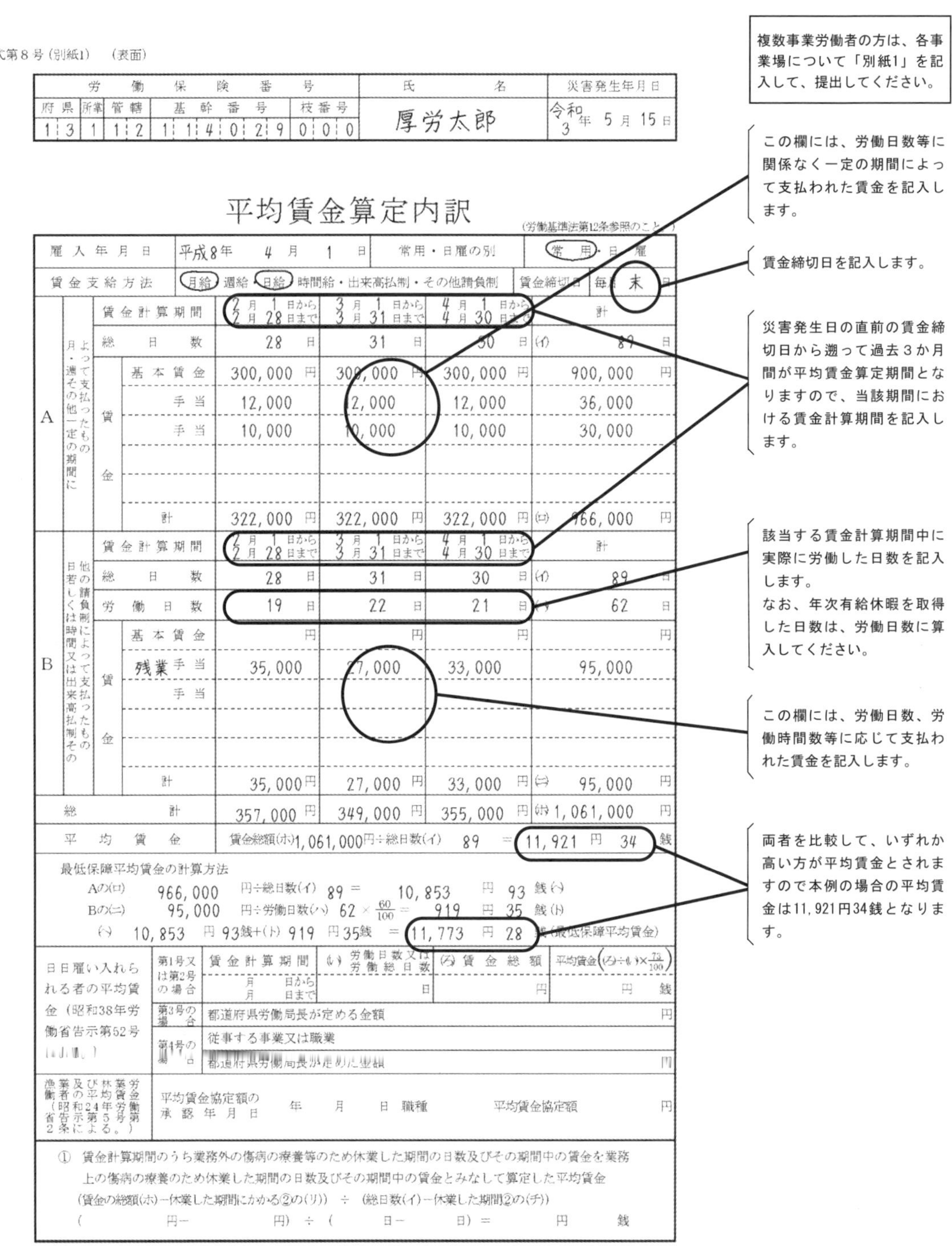

様式第８号（別紙1）　（表面）

労働保険番号					氏名	災害発生年月日
府県	所掌	管轄	基幹番号	枝番号		
13	1	12	114029	000	厚労太郎	令和3年　5月　15日

平均賃金算定内訳

（労働基準法第12条参照のこと。）

雇入年月日	平成8年　4月　1日		常用・日雇の別	常用・日雇
賃金支給方法	月給・週給・日給・時間給・出来高払制・その他請負制		賃金締切日	毎月　末　日

A	月・週その他一定の期間によって支払ったもの	賃金計算期間	2月1日から 2月28日まで	3月1日から 3月31日まで	4月1日から 4月30日まで	計
		総日数	28日	31日	30日	(イ)　89日
	賃金	基本賃金	300,000円	300,000円	300,000円	900,000円
		手当	12,000	12,000	12,000	36,000
		手当	10,000	10,000	10,000	30,000
		計	322,000円	322,000円	322,000円	(ロ)　966,000円
B	日若しくは時間又は出来高払制その他の請負制によって支払ったもの	賃金計算期間	2月1日から 2月28日まで	3月1日から 3月31日まで	4月1日から 4月30日まで	計
		総日数	28日	31日	30日	(イ)　89日
		労働日数	19日	22日	21日	(ハ)　62日
	賃金	基本賃金	円	円	円	円
		残業手当	35,000	27,000	33,000	95,000
		手当				
		計	35,000円	27,000円	33,000円	(ニ)　95,000円
総計			357,000円	349,000円	355,000円	(ホ)　1,061,000円
平均賃金			賃金総額(ホ)1,061,000円÷総日数(イ)　89　＝　11,921円　34銭			

最低保障平均賃金の計算方法
Aの(ロ)　966,000　円÷総日数(イ)　89　＝　10,853　円　93　銭(ヘ)
Bの(ニ)　95,000　円÷労働日数(ハ)　62　×　$\frac{60}{100}$　＝　919　円　35　銭(ト)
(ヘ)　10,853　円　93銭＋(ト)　919　円35銭　＝　11,773　円　28　銭(最低保障平均賃金)

日日雇い入れられる者の平均賃金（昭和38年労働省告示第52号による。）	第1号又は第2号の場合	賃金計算期間	(い)労働日数又は労働総日数	(ろ)賃金総額	平均賃金(ろ)÷(い)×$\frac{73}{100}$
		月　日から 月　日まで	日	円	円　銭
	第3号の場合	都道府県労働局長が定める金額			円
	第4号の場合	従事する事業又は職業			
		都道府県労働局長が定めた金額			円
漁業及び林業労働者の平均賃金（昭和24年労働省告示第5号第2条による。）	平均賃金協定額の承認年月日	年　月　日	職種	平均賃金協定額	円

① 賃金計算期間のうち業務外の傷病の療養等のため休業した期間の日数及びその期間中の賃金を業務上の傷病の療養のため休業した期間の日数及びその期間中の賃金とみなして算定した平均賃金
（賃金の総額(ホ)－休業した期間にかかる②の(リ)）　÷　（総日数(イ)－休業した期間②の(チ)）
（　　円－　　円）÷（　　日－　　日）＝　　円　　銭

複数事業労働者の方は、各事業場について「別紙1」を記入して、提出してください。

この欄には、労働日数等に関係なく一定の期間によって支払われた賃金を記入します。

賃金締切日を記入します。

災害発生日の直前の賃金締切日から遡って過去３か月間が平均賃金算定期間となりますので、当該期間における賃金計算期間を記入します。

該当する賃金計算期間中に実際に労働した日数を記入します。
なお、年次有給休暇を取得した日数は、労働日数に算入してください。

この欄には、労働日数、労働時間数等に応じて支払われた賃金を記入します。

両者を比較して、いずれか高い方が平均賃金とされますので本例の場合の平均賃金は11,921円34銭となります。

厚生労働省　リーフレット「労災保険　休業（補償）等給付　傷病（補償）等年金の請求手続」より

③障害補償給付（年金・一時金）

（1）支給要件

業務が原因となった負傷や疾病が治ったとき、身体に一定の障害が残った場合には、障害補償給付が支給される。

・障害等級１～７級➡障害補償年金、障害特別支給金、障害特別年金

・障害等級８～14級➡障害補償一時金、障害特別支給金、障害特別一時金

（2）治った時とは

労災保険における傷病が「治ったとき」とは、身体の諸器官・組織が健康時の状態に完全に回復した状態のみをいうものではなく、傷病の状態が安定し、医学上一般的に認められた医療を行っても、その医療効果が期待できなくなった状態をいい、この状態を労災保険では「治癒」（症状固定、「治ゆ」と表記されることもある）という。

したがって、「傷病の症状が、投薬・理学療法等の治療により一時的な回復がみられるにすぎない場合」等、症状が残存している場合であっても、医療的効果が期待できないと判断される場合には、労災保険では「治癒」として、療養補償給付等を支給しないことになっている。

（3）障害補償給付の額

年金は死亡するまで支払われるが、一時金は１回だけしか支払われない。

障害等級	障害（補償）等給付		障害特別支給金		障害特別年金		障害特別一時金	
第１級	年金	給付基礎日額の313日分	一時金	342万円	年金	算定基礎日額の313日分		
第２級	〃	〃 277日分	〃	320万円	〃	〃 277日分		
第３級	〃	〃 245日分	〃	300万円	〃	〃 245日分		
第４級	〃	〃 213日分	〃	264万円	〃	〃 213日分		
第５級	〃	〃 184日分	〃	225万円	〃	〃 184日分		
第６級	〃	〃 156日分	〃	192万円	〃	〃 156日分		
第７級	〃	〃 131日分	〃	159万円	〃	〃 131日分		
第８級	一時金	〃 503日分	〃	65万円			一時金	算定基礎日額の503日分
第９級	〃	〃 391日分	〃	50万円			〃	〃 391日分
第10級	〃	〃 302日分	〃	39万円			〃	〃 302日分
第11級	〃	〃 223日分	〃	29万円			〃	〃 223日分
第12級	〃	〃 156日分	〃	20万円			〃	〃 156日分
第13級	〃	〃 101日分	〃	14万円			〃	〃 101日分
第14級	〃	〃 56日分	〃	8万円			〃	〃 56日分

※算定基礎日額とは、以前１年間に支払われたボーナスを365で割った額（限度額あり）

④介護補償給付

（1）介護補償給付の支給要件

・一定の障害の状態に該当すること

	該当する方の具体的な障害の状態
常時介護	①　精神神経・胸腹部臓器に障害を残し、常時介護を要する状態に該当する（障害等級第１級３・４号、傷病等級第１級１・２号） ②｛・両眼が失明するとともに、障害または傷病等級第１級・第２級の障害を有する 　・両上肢および両下肢が亡失又は用廃の状態にある など①と同等度の介護を要する状態である
随時介護	①　精神神経・胸腹部臓器に障害を残し、随時介護を要する状態に該当する（障害等級第２級２号の２・２号の３、傷病等級第２級１・２号） ②　障害等級第１級または傷病等級第１級に該当し、常時介護を要する状態ではない

・現に介護を受けていること
・病院または診療所に入院していないこと
・介護老人保健施設、介護医療院、障害者支援施設（生活介護を受けている場合に限る)、特別養護老人ホームまたは原子爆弾被爆者特別養護ホームに入所していないこと

障害補償年金または傷病補償年金の受給者のうち、障害等級・傷病等級が第１級の方すべてと第２級の「精神神経・胸腹部臓器の障害」を有している方が、現に介護を受けている場合に、介護補償給付が支給される。

（2）介護補償給付の支給額

給付金額は常時介護と随時介護で異なるほか、親族による介護の場合も異なる。

また、年度ごとに見直しが実施され、給付の支給額が改定されるので、こまめに厚生労働省のホームページにて最新情報を確認すること。

⑤傷病補償年金

（1）支給要件

療養補償給付を受ける労働者の傷病が療養開始後1年6か月経過しても治らず、その傷病による障害の程度が傷病等級表に定める傷病等級に該当し、その状態が継続している場合に支給される。

（2）給付額

傷病等級	給付額 （年金）	傷病特別支給金 （一時金）	傷病特別年金 （年金）
第1級	給付基礎日額の 313日分	114万円	算定基礎日額の 313日分
第2級	給付基礎日額の 277日分	107万円	算定基礎日額の 277日分
第3級	給付基礎日額の 245日分	100万円	算定基礎日額の 245日分

※給付基礎日額＝労基法上の平均賃金に相当する額
※算定基礎日額とは、以前1年間に支払われたボーナスを365で割った額（限度額あり）

（3）他の給付との調整

・傷病補償年金が支給される場合は、休業補償給付は支給されない。
・傷病補償年金が支給される場合でも、療養補償給付は支給される。

（4）傷病補償年金と解雇制限 （P76参照）

下記の場合、打切補償を支払ったとみなされる。

・療養開始後3年を経過した日において傷病補償年金を受けている場合。
・療養開始後3年を経過した日後において傷病補償年金を受けることとなった場合。

ここがポイント

● 監督署の署長の職権において支給が決定される。
➡労働者が請求するものではない（ただし、提出する書類はある）。
● 障害の程度が軽くなり、傷病等級に**該当しなくなった場合は支給権が消滅**。
ただし、傷病が治癒しておらず、休業している場合は翌月から休業補償給付が支給される。

⑥遺族補償給付（年金・一時金）

（1）遺族補償の種類（2種類）

・遺族補償年金

・遺族補償一時金

（2）遺族補償年金とは？

遺族補償年金は、以下の表の「受給資格者」のうちの最先順位者に対して支給される。

順位	給付	生計維持関係	遺族の要件（労働者の死亡の当時）
①	遺族補償年金	あり	妻または60歳以上か一定障害の夫
②			18歳に達する日以後の最初の3月31日までの間にあるか一定障害の子
③			60歳以上か一定障害の父母
④			18歳に達する日以後の最初の3月31日までの間にあるか一定障害の孫
⑤			60歳以上か一定障害の祖父母
⑥			18歳に達する日以後の最初の3月31日までの間にあるか60歳以上または一定障害の兄弟姉妹
⑦			55歳以上60歳未満の夫（60歳に達する月まで支給停止）
⑧			55歳以上60歳未満の父母（　〃　）
⑨			55歳以上60歳未満の祖父母（　〃　）
⑩			55歳以上60歳未満の兄弟姉妹（　〃　）

（3）遺族補償年金の額

遺族補償年金の額は、遺族の数によって決定される。

なお、遺族の数とは『受給権者本人』および『受給権者と生計を同じくしている受給権者（若年停止者を除く）』の合計数をいう。

遺族数	遺族補償年金	遺族特別支給金（一時金）	遺族特別年金
1人	給付基礎日額の153日分（ただし、その遺族が55歳以上の妻又は一定の障害状態にある妻の場合は給付基礎日額の175日分）	300万円	算定基礎日額の153日分（ただし、その遺族が55歳以上の妻又は一定の障害状態にある妻の場合は算定基礎日額の175日分）
2人	給付基礎日額の201日分		算定基礎日額の201日分
3人	給付基礎日額の223日分		算定基礎日額の223日分
4人以上	給付基礎日額の245日分		算定基礎日額の245日分

※給付基礎日額＝労基法上の平均賃金に相当する額

※算定基礎日額とは、以前1年間に支払われたボーナスを365で割った額（限度額あり）

（4）遺族補償年金の失権

遺族補償年金を受ける権利は、その受給権者が下記の理由に該当するに至った時に失権する。

・死亡したとき
・婚姻したとき（事実婚を含む）
・子、孫、兄弟姉妹については、18歳以後の最初の3月31日が終了したとき（被災者の死亡当時から一定の障害にある場合を除く）。
・離縁によって、死亡した労働者との親族関係が終了したとき　他

（5）遺族補償一時金とは？

労働者の死亡の当時遺族補償年金を受けることができる遺族がいないときに支給される。

また、遺族補償年金の受給権が消滅した場合において、他に遺族補償年金を受けることができる遺族がなく、かつ、既に支給された総額が一定の額に満たない場合に、差額が遺族補償一時金として支給される。

（6）遺族補償一時金の支給額

・給付基礎日額の1,000日分

<table>
<tr><th>順位</th><th>給付</th><th>生計維持関係</th><th colspan="2">遺族の要件（労働者の死亡の当時）</th></tr>
<tr><td>①</td><td rowspan="10">遺族補償一時金</td><td></td><td rowspan="10">遺族補償年金の受給権者がいない</td><td>配偶者</td></tr>
<tr><td>②</td><td rowspan="4">あり</td><td>子</td></tr>
<tr><td>③</td><td>父母</td></tr>
<tr><td>④</td><td>孫</td></tr>
<tr><td>⑤</td><td>祖父母</td></tr>
<tr><td>⑥</td><td rowspan="4">なし</td><td>子</td></tr>
<tr><td>⑦</td><td>父母</td></tr>
<tr><td>⑧</td><td>孫</td></tr>
<tr><td>⑨</td><td>祖父母</td></tr>
<tr><td>⑩</td><td></td><td>兄弟姉妹</td></tr>
</table>

⑦葬祭料

（1）支給要件

葬祭料は、労働者が業務上死亡した場合に、葬祭を行う者に対し、その請求に基づいて行う。

（2）葬祭料の額

下記のいずれか高い方の額

・31万5,000円＋給付基礎日額の30日分

・給付基礎日額の60日分

ここがポイント

●葬祭を行う者とは、社会通念上、葬祭を行う者をいう。

➡遺族補償の受給権者、遺族補償の受給権者がいない場合にそれらに代わって行う所属会社（社葬）も該当する。

こんな場合はどうなるの？

Q 「待期期間（休業１～３日）分の休業補償は誰が負担するのか？」

労災保険は、休業４日目より支給されます。では、建設工事において、２次業者の労働者が労災で２日間休業した場合、休業した２日間についてはどうなるのでしょうか？

A それは、元方事業者の事業主が支払わなければなりません。

その理由は、労基法にあります。労基法第76条（休業補償）では、使用者は、労災で被災した労働者の療養中、平均賃金の100分の60の休業補償を行わなければならないとしています。この場合の使用者は、２次業者になります。

しかし、労基法第87条では、建設業に限り、元請負人を事業者とみなすとあります（P101参照）。

よって、元請負人の事業者が支払わなければなりません。

ただし、労基法第87条第２項に、「元請負人が書面による契約で下請負人に補償を引き受けさせた場合においては、その下請負人もまた使用者とする」とありますので、事前に誓約書等の書面にて承諾を得ている場合は、１次業者が支払わなければならないケースもあります（下記の安全衛生誓約書を参照）。

誓約書のサンプル

○年○月○日

元方事業者
　○○建設株式会社　殿

○○建設株式会社
社長　○○　○○　印

安全衛生誓約書

以下の項目を確実に実施することを確約します。

１．貴社の定める安全基本方針を遵守し、安全管理に努めます。
２．・・・・・・・・・・・
３．・・・・・・・・・・・
４．・・・・・・・・・・・
５．当社は、労働基準法第87条第２項の使用者として責任を負います。

以　上

※労働基準法　第75条～第88条（災害補償）についてはP101参照

10 ケガ人は解雇できない！

（1）解雇が制限される期間

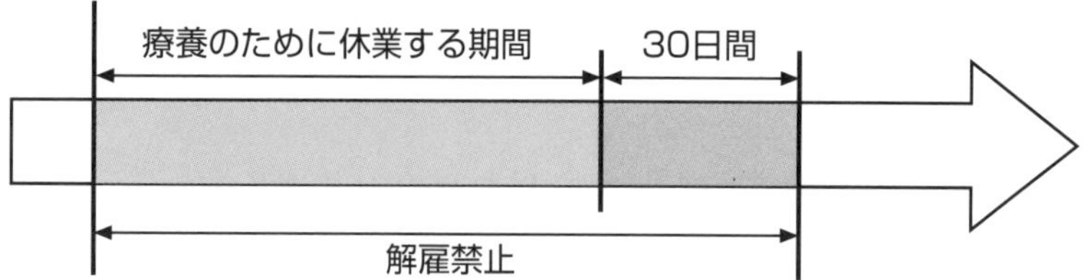

（2）解雇制限の例外（監督署の認定は不要）

①療養開始後３年経過し、平均賃金の1,200日分の打切補償を支払う場合。

②療養開始後３年を経過した日において傷病補償年金を受けている場合。

③療養開始後３年を経過した日より後において傷病補償年金を受けることとなった場合。

（3）解雇制限の例外（監督署の認定が必要）

天災事変その他やむを得ない事由のために事業の継続が不可能となった場合。

労基法

第19条（解雇制限）

使用者は、労働者が業務上負傷し、又は疾病にかかり療養のために休業する期間及びその後30日間並びに産前産後の女性が第65条の規定によって休業する期間及びその後30日間は、解雇してはならない。ただし、使用者が、第81条の規定によって打切補償を支払う場合又は天災事変その他やむを得ない事由のために事業の継続が不可能となった場合においては、この限りでない。

二　前項但書後段の場合においては、その事由について行政官庁の認定を受けなければならない。

第81条（打切補償）

第75条の規定（療養補償）によって補償を受ける労働者が、療養開始後３年を経過しても負傷又は疾病が治らない場合においては、使用者は、平均賃金の1,200日分の打切補償を行い、その後はこの法律の規定による補償を行わなくてもよい。

労災保険法第19条

業務上負傷し、又は疾病にかかった労働者が、当該負傷又は疾病に係る療養の開始後３年を経過した日において傷病補償年金を受けている場合又は同日後において傷病補償年金を受けることとなった場合には、労働基準法第19条第１項の規定の適用については、当該使用者は、それぞれ、当該３年を経過した日又は傷病補償年金を受けることとなった日において、労働基準法第81条の規定により打切補償を支払ったものとみなす。

11 元請が下請作業員の事業主？

●労災保険は誰が掛けるのか

一人でも労働者を使用する事業は、強制適用事業となる。

➡事業主は、自社の労働者に対し必ず労災保険を付保しなければならない。

ただし、建設業は他の産業とは異なり、下記の法律により、元請負人を事業主とみなして扱わなければならない。

ここで、注意しなければならないのは、「請負」という形態である。すなわち、工事請負契約で行われているものが該当する。例えば、警備員は、警備業務委託契約になるので、含まれない（ただし、警備員でも荷下ろしの手伝い等が請負工事の一部であると判断される場合もあるので注意）。

（元請の労災とはならない主なケース）

・警備員・ガードマン

・機械等の修理業務

・資材の運搬業者

・一人親方（労働者ではないため）

・仮建物のリース業者

・産業廃棄物の収集運搬業者

※上記の業者については、契約形態や業務内容によっては建設の事業と認められる場合があるため、労働災害が発生した場合は監督署によく相談してから対応すること

労基法上、災害補償は元請負人を事業者とみなす（労基法第87条）（P101参照）

労働保険の保険料の徴収等に関する法律（徴収法）

第８条（請負事業の一括）

厚生労働省令で定める事業が数次の請負によって行なわれる場合には、この法律の規定の適用については、その事業を一の事業とみなし、元請負人のみを当該事業の事業主とする。

➡厚生労働省令で定める事業とは

労働保険の保険料の徴収等に関する法律施行規則

第７条（元請負人をその請負に係る事業の事業主とする事業）

法第８条第１項の厚生労働省令で定める事業は、労災保険に係る保険関係が成立している事業のうち建設の事業とする。

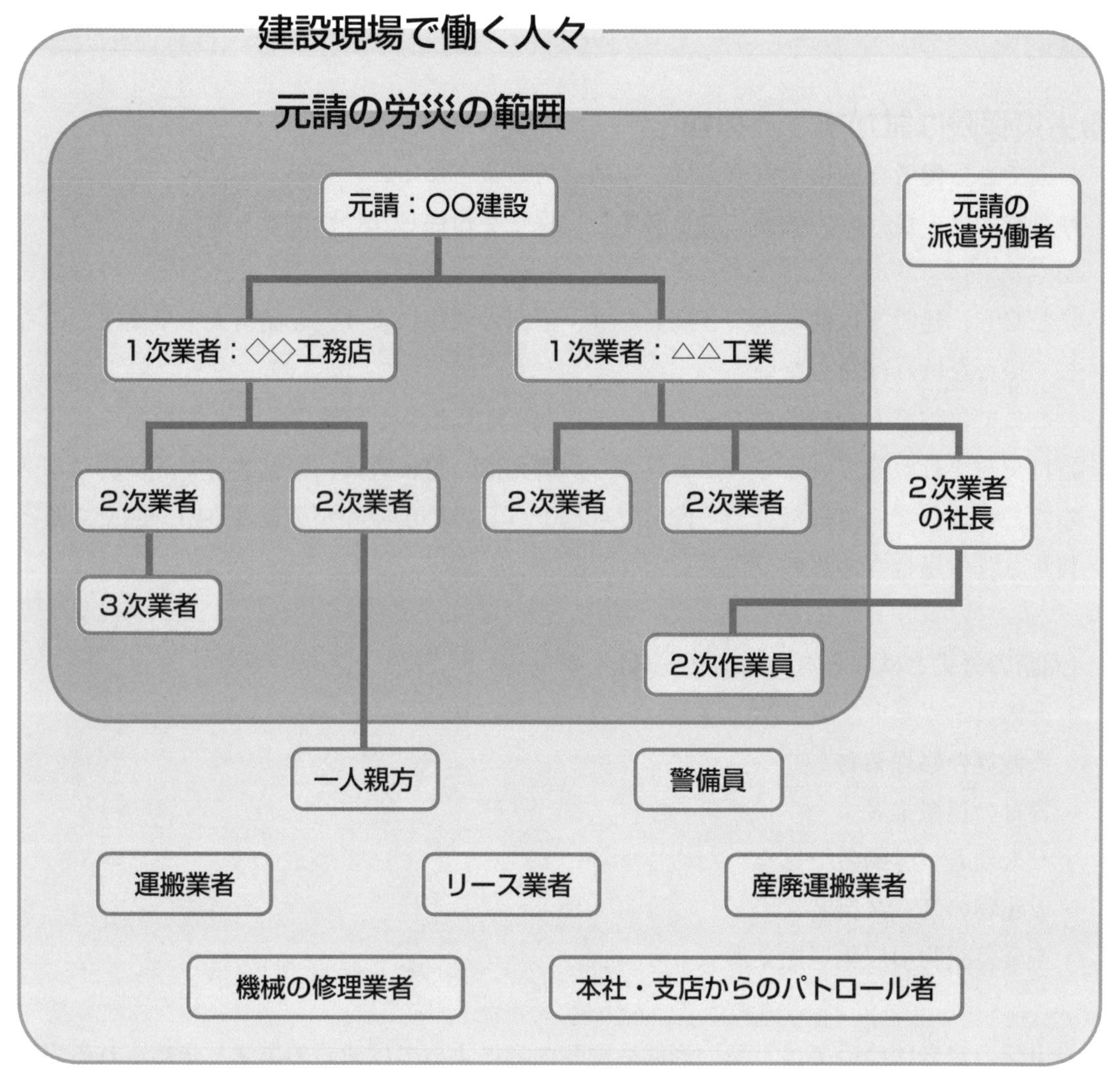

※建設業では、派遣労働者は認められていない。したがって、１次業者やその下請業者に、派遣労働者がいたら、それは法違反の可能性がある。

ただし、元請や１次業者で施工管理する技術者の派遣は認められている。ちなみに、派遣労働者の労災事故は、派遣元の労災保険が適用される。

※中小企業の社長、一人親方は、労働者ではないため、別途、自分自身で労災保険に加入（特別加入）しなければ、補償が受けられない

※運搬業者、リース業者、産廃業者等は、自分自身が所属している会社の労災保険が適用される（出張災害）

12 一人親方は元請の労災の対象外？

（1）一人親方とは

「一人親方」とは、労働者として会社に雇われるのではなく、個人として工事の一部を請け負い、出来高に応じて支払いを受けている人のことをいう。

しかし、近年、社会保険料の会社及び本人負担を逃れるため、本来は労働者であるにもかかわらず一人親方として契約を締結しているケース（偽装請負）もある。

労働災害が発生し、詳しく調査した結果、一人親方でなく労働者として監督署に認められるケースも少なくない。形式上は「請負」や「委任」の契約形態となっていても、実態として労働者と同様の働き方をする場合には、一人親方とは扱われない場合がある。

注意事項

下記の要件はあくまで、目安である。最終的には監督署の判断になる。契約形態ではなく、実態により判断される。

ただし、下記の要件だけでなく、労働災害の被災の程度も勘案し、総合的な観点から判断されることがある。

一人親方と認定される要件

- 労働時間の拘束が行われていない。
- 他社の工事も行っている。
- 報酬の取決めは、完全な出来高払の方式が中心とされている。
- 道具一式を自ら所有し現場に持ち込んで使用している。

労働者と認定される要件

- 他の労働者と同じような時間の拘束を受けて作業している。
- １つの会社に専属して仕事を行って、他社の工事を行っていない。
- 日給・時間給等、労務の対償として支払われている。
- 残業手当が支給されている。
- 道具類・車両は会社の所有物であり、貸与を受けている。

（2）一人親方に対する元請の労災保険について

労災保険法は、正式には「労働者災害補償保険法」という名のとおり、労働者に対する災害を補償する法律で、労働者ではない一人親方は元請労災の対象外になる。

したがって、一人親方が現場で災害の被災者になっても、労働者性がないと判断されれば、元請の労災保険から一銭も給付がされない。

（3）一人親方の労災保険の特別加入について

一人親方が元請労災の対象外では、一人親方の保護ができないので、労災の特別加入という制度が昭和40年に創設された。

この特別加入制度とは、一人親方等の労働者以外の者のうち、業務の実態や、災害の発生状況からみて、労働者に準じて保護することがふさわしいとみなされる人に、一定の要件の下に労災保険に特別に加入することを認めている制度である。

なお、労災保険の特別加入の保険料は給付基礎日額3,500円から２万5,000円まで16段階に分かれており、自分の所得に合わせて選ぶことができる。

（4）同居の親族について

同居の親族のみを使用する事業における同居の親族は、事業主と居住及び生計を一にするものであり、原則として労働基準法上の労働者には該当しない。

そのため、同居の親族についても労災保険に特別に加入することが必要である。ただし、

・使用者の下で労務提供していたか（使用従属性）

・報酬の支払いが労働の対償だったか（報酬の労働性）

の２つの要件が満たされれば、同居親族も労働者として認められる場合もある。

労基法第116条（適用除外）

二　労基法は、同居の親族のみを使用する事業及び家事使用人については、適用しない。

ここがポイント

●一人親方の場合（特別加入しない場合）

➡元請の労災保険から一銭も給付がされない。

➡労災上乗せ保険も対象とならない。

●一人親方の場合（**特別加入した場合**）

➡自分が付保した労災保険から給付がされる。

（自分が選んだ給付基礎日額が補償の基本となる）

➡労災上乗せ保険も対象となる。

●**同居の親族についても**労災保険に特別に加入することが必要。

13 「半年前に現場でケガをした」と突然言われたら…

◎本社や支店の代表番号に「○○現場で働いていた者だが、半年前に作業中にケガをした。治療費がほしい」と被災者から電話がかかってくることがある。
◎監督署から「○○現場で働いていた作業員から労災事故に遭ったと電話があったので、詳しく調査してほしい」という問い合わせがくることもある。

➡至急関係者を集めて、それぞれ個別に事実関係を確認する

≪被災者へのヒアリング内容≫

① いつ、どこで、どのように事故に遭ったのか？（簡単な発生図を書く）
② 現認者（目撃者）はいたのか？
③ 災害発生について誰かに報告したのか？
④ 治療費等はどうしたのか？（領収書、診断書は保管してあるか？）
⑤ なぜ今頃になって連絡してきたのか？

≪被災者の所属会社へのヒアリング内容≫

① 被災者はその日、現場でどのような作業をしていたか？
（就労者名簿、作業日報、ＫＹシート、賃金台帳等での確認）
② 災害発生の事実を知っていたか？
（同僚、合番者、職長・安責者への確認）
③ 知っている場合、そのことを会社に報告したか？
④ 報告していない場合、なぜ会社に報告しなかったのか？
⑤ 治療費等はどうしたのか？

≪１次業者の職長・安責者等へのヒアリング内容≫

① 災害発生の事実を知っていたか？
② 知っている場合、そのことを元請に報告したか？
③ 報告していない場合、なぜ元請に報告しなかったのか？
④ 協力会社への災害発生時の報告はどのように教育していたか？

≪元請の担当者へのヒアリング内容≫

① 災害発生当日の工事の状況は？
（工事安全打ち合わせ書、被災者の新規入場時記録等での確認）

② 災害発生の事実を知っていたか？

③ 日頃、下請負業者に災害発生時の報告はどのように教育していたか？

◎関係者へのヒアリングは、基本的に個別に行うこと。

（大勢の人の前では、言いにくいことがあるため）

◎関係者へのヒアリングを基に、事実関係をまとめる。

➡「報告した」「聞いていない」等、意見が食い違うことがあるが、どちらが正しいとは決めつけずに、両方の意見をそのまま記述してまとめる。

◎関係者へのヒアリングでは、責任を追及するのではなく、再発防止に向けて事実関係を調査する姿勢を示すこと。

（くれぐれも「嘘」はつかないよう優しく諭すこと）

◎関係者へのヒアリングを基に、事実関係をまとめる。

➡それを基に報告遅延経緯書（次頁参照）を作成する。

・被災者から電話がかかってきた場合（1～2日後をめどに）
・監督署から問い合わせのあった場合（なるべく早く）
➡監督署（安全衛生課）に報告に行くこと。

場合によっては、「労災かくし」として送検されることがあるので事実関係の調査はより慎重に行うこと。

ここがポイント

●被災者から電話の場合で内容が疑わしいと思っても、**必ず報告に行くこと。**
➡被災者の言い分に矛盾があっても**そのまま記載**して、それに対する元請としての**見解を記述**すること。その際、できるだけ根拠となる書類（診断書、工事打ち合わせ書、作業日報、工程表）の**コピーを添付**すること。

●災害発生から半年後であろうと、１年後であろうと、**事実関係を必ず確認**して**監督署に報告（相談）**に行く。
➡後日、労働者死傷病報告書の提出をすべきかどうかを必ず確認する。

●監督署に報告に行く際は、元請だけでなく、必ず所属会社の事業主（もしくは役員等の責任者）、１次業者も**同行させる**こと。

●監督署でのやり取りをメモとして記録しておくこと。

報告遅延経緯書（任意書式：サンプル）

○○○○年○月○日

○○労働基準監督署長　殿

○○建設株式会社　東京支店
○○○○○○○○○○○○○工事
作業所長　○○　○○

○○氏の労災についての経緯書

今般、当作業所に入場していた労働者（○○○○氏）より、下記のとおり労働災害に被災したと訴えがあり、その件に関して調査した経緯等をご報告します。

記

1．工事概要等について
工事名称：○○○○○○○○○○工事
施工場所：○○県○○市○○町○○番地
工　　期：○○○○年○月○○日～○○○○年○月○○日

2．災害発生状況
被災者：○○○○氏（大工）≪所属：○○産業㈱（２次）、㈱○○工務店（１次）≫
日　時：○○年○○月○○日（木）16：30頃
場　所：○○作業所　第４ブロック東側付近
状　況：スラブ配筋上に敷いてあるメッシュロードを歩行時、配筋上へ踏み出した際、左足が鉄筋の間に入り転倒した。（被災者から聞き取り）

3．経緯
○○月○○日　災害発生。（現認者なし）
痛みはあったが、誰にも言わず、我慢して仕事を続けて帰宅。
○○月○○日　腫れていたので○○病院へ行き「左足捻挫」と診断された。
○○産業㈱（２次）○○専務に言うと、「元請には黙っていてほしい。面倒は見るので健康保険で処理すること」と言われた。
○○月○○日～○○日まで、痛みのため１週間休業。
○○月○○日　痛みが引かなかったので、△△病院へ行くと「左足首骨折（全治１か月間）」と診断された。（その後１か月間休業）
○○月○○日　○○産業㈱（２次）○○専務に、休業期間中の賃金、治療代を請求したが十分に支払ってもらえなかった。
○○月○○日　○○○○氏より当社に申し立てがあり発覚した。

以　上

（担当　○○○○　03-000-0000）

※この書類を提出した際、労働者死傷病報告書を提出するかどうかを監督署で尋ねること
※書類を２部作成して、１部は受領印をもらって控えとして保管しておくこと

14 どういう場合に送検されるのか？

●労働基準監督官とは

労働基準関係法令違反事件に対してのみ司法警察員として犯罪の捜査と被疑者の逮捕、送検を行う権限がある。海上保安官や麻薬取締官等と同様、特別司法警察職員の1つである。

●送検のフロー

下記のフローは、災害発生になっている。特に死亡災害や、重篤な災害について、送検する対象として取り調べを受ける場合が多いが、災害が発生していなくても、法違反を繰り返し起こしたりした場合にも送検されることがある。

また、「労災かくし」の事案も送検の対象になりやすい。

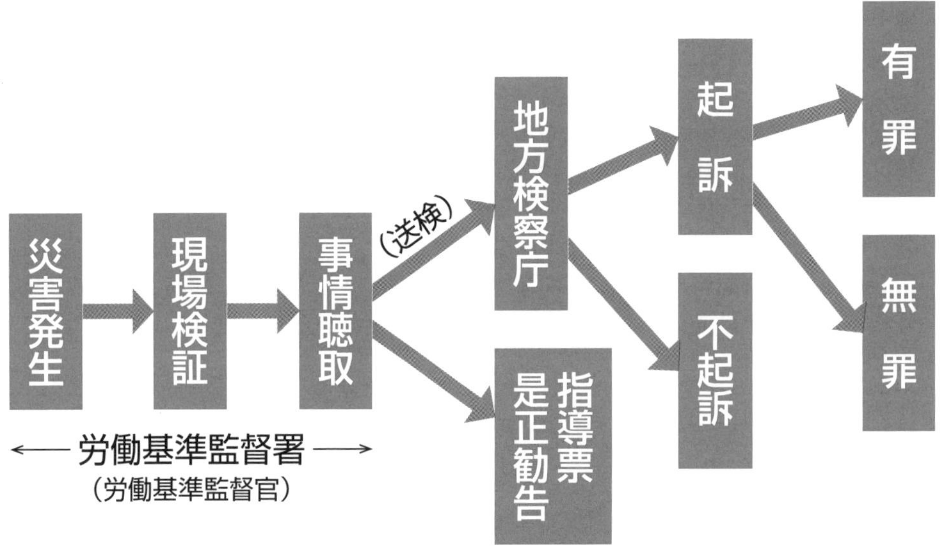

ここがポイント

- 死亡災害、重篤な災害、後遺症災害が発生したから送検するのではない！
  ➡安衛法の違反があるから送検される（次項参照）。
  ただし、社会的に大きな事故・災害の場合、特に死亡災害、後遺症（1～3級）では、厳しく調査をされ、法違反があれば送検される可能性が高い。
- 安衛法の違反で起訴された場合、裁判をすることなく略式命令で罰金刑（有罪）となる場合が多い。

●両罰規定について

安衛法は、労働者の安全と健康の確保を目的として、様々なルールや基準を設定しているが、これらに違反した行為者を罰するとともに、法人や人（個人事業主）に対しても罰金刑を科すことができる。

なお、法人が違法行為を防ぐために必要な注意を果たしたと立証できなければ、罪に問われる。行為者については、処罰を求めるまでの悪質性が認められなかったとして不起訴（起訴猶予）処分でも、法人に対して両罰規定を適用する場合もある。

安衛法第122条

法人の代表者又は法人若しくは人の代理人、使用人その他の従業者が、その法人又は人の業務に関して、第116条、第117条、第119条又は第120条の違反行為をしたときは、行為者を罰するほか、その法人又は人に対しても、各本条の罰金刑を科する。

行為者は懲役または罰金、法人または人は罰金のみ
（下記は安衛法の代表的な条文のみ）

第116条　3年以下の懲役または300万円以下の罰金
➡第55条（製造等の禁止）

第117条　1年以下の懲役または100万円以下の罰金
➡第37条第1項（特定機械等の製造の許可）他

第119条　6月以下の懲役または50万円以下の罰金
➡第14条（作業主任者）、第20～25条（事業者の講ずべき措置）、第31条（注文者の講ずべき措置）、第33条（機械等貸与者等の講ずべき措置等）、第59条第3項（特別教育）、第61条第1項（就業制限）他

第120条　50万円以下の罰金
➡第10条（総括安全衛生管理者）、第11条（安全管理者）、第12条（衛生管理者）、第13条（産業医等）、第15条（統括安全衛生責任者）、第15条の2第1項（元方安全衛生管理者）、第16条第1項（安全衛生責任者）、第17条第1項（安全委員会）、第18条第1項（衛生委員会）、第26条（労働者の遵守義務）、第30条第1項（特定元方事業者等の講ずべき措置）、第45条（定期自主検査）、第59条第1項（雇入れ時教育）、第66条（健康診断）、第100条第1項または第3項（報告等）他

15 安衛法の違反とは？

（1）安衛法違反の処罰対象は故意犯のみ！

刑法においては、「罪を犯す意思がない行為は、罰しない。ただし、法律に特別の規定がある場合は、この限りでない」と定められている。

安衛法には「過失を罰する」という規定が定められていない。

したがって、過失によって安衛法違反を犯しても処罰されない。

故意行為についてのみ違反の処罰の対象となる。

刑法第38条（故意）

1　罪を犯す意思がない行為は、罰しない。ただし、法律に特別の規定がある場合は、この限りでない。
2　重い罪に当たるべき行為をしたのに、行為の時にその重い罪に当たることとなる事実を知らなかった者は、その重い罪によって処断することはできない。
3　法律を知らなかったとしても、そのことによって、罪を犯す意思がなかったとすることはできない。ただし、情状により、その刑を減軽することができる。

（2）安衛法違反の故意とは？

行為者が客観的事実を認識している（知っている）状況をいう。

「客観的事実を認識している」とは、具体的に法条文に記載されている事実を認識していることをいう。

（例：安衛則第519条第１項）

「高さ２m以上であったこと」

「墜落により労働者に危険を及ぼすおそれのあったこと」

「囲い、手すり等を設けなかったこと」

「作業を行わせたこと」

➡これらを認識していれば、災害の発生の有無にかかわらず、故意が認められ、法違反となる。

ここがポイント

≪具体的な安衛法違反とは？≫

1．事業者等の特定の身分の者が（現場責任者等、労働者を監督すべき人）
2．特定の措置をすべき客観的条件がある時に
3．客観的事実を認識しているにもかかわらず（事実の認識があったのに）
4．不作為行為をすることによって成立

安衛法違反で元請を送検する事例（主なもの）

① **元請を共犯として送検する。**

・共同正犯：複数の者が共同して犯罪を実行した場合、共犯者の全員が正犯となる。

・教唆犯　：人をそそのかして「犯罪」を実行させた者をいい、正犯と同じ刑が科される。

・幇助犯　：「正犯」を幇助した者をいう。幇助とは、正犯でない者が正犯の実行を容易にすることをいい、犯罪に使うもの（凶器等）を用意するといった物理的方法はもちろんのこと、正犯者を勇気づけるといった精神的方法でも幇助にあたるとされる。

② **元請を「みなし事業者」として送検する。**

請負を否定し、実態は派遣であるとして下請の事業者性を否定する。

労働者派遣法第45条第３項

労働者がその事業における派遣就業のために派遣されている派遣先の事業に関しては、当該派遣先の事業を行う者を当該派遣中の労働者を使用する事業者と、当該派遣中の労働者を当該派遣先の事業を行う者に使用される労働者とみなして、労働安全衛生法第20条から第27条までの規定並びに当該規定に基づく命令の規定（これらの規定に係る罰則の規定を含む。）を適用する。（※抜粋・引用）

③ **「注文者の責任」違反として送検する。**

安衛法第31条

特定事業の仕事を自ら行う注文者は、建設物、設備又は原材料を、当該仕事を行う場所においてその請負人の労働者に使用させるときは、当該建設物等について、当該労働者の労働災害を防止するため必要な措置を講じなければならない。

④ **「特定元方事業者責任」違反として送検する。**

安衛法第30条

特定元方事業者は、その労働者及び関係請負人の労働者の作業が同一の場所において行われることによって生ずる労働災害を防止するため、次の事項に関する必要な措置を講じなければならない。

一　協議組織の設置及び運営

二　作業間の連絡及び調整

三　作業場所を巡視

四　下請作業員に対する安全衛生教育の指導及び援助

五　工程、機械・設備の配置計画の作成　　他

安衛法の措置義務者

1. **個別事業者責任** 安衛法（20～25条の２） →

法14条	・作業主任者の選任
16	・安全衛生責任者の選任と報告
20	・機械・電気その他危険防止
21	・作業方法・場所の危険防止
22	・ガス・粉じん等、健康障害防止
23	・作業場の通路等の保全（環境）
24	・作業行動からくる危険防止措置
25	・危険時の作業中止、退避措置
25条の2	・爆発・火災等の救護の措置

→ **政令・省令・告示**

- ・安衛令
- ・安衛則
- ・クレーン則
- ・有機則
- ・高圧則
- ・酸欠則
- ・粉じん則
- ・石綿則
- ・その他の規則
- ・各種構造規格

2. **元方事業者責任** 安衛法（29条、29条の２） →

- ・関係請負人に対する指導・是正指示
- ・作業場所の安全確保措置

土砂崩壊・機械の転倒（則634条の２）

3. **特定元方事業者責任** 安衛法（15条～15条の２・30条） →

法15条·15条の２	・統括安全衛生責任者·元方安全衛生管理者の選任	
30条	・協議会の設置・運営（定期開催）	則635条
	・混在作業間の連絡・調整（随時）	636
	・作業場所巡視（毎日１回以上）	637
	・下請の教育に対する指導援助（資料提供等）	638
	・工程、機械・設備の配置計画の作成	638の3
	・建設機械等の安全確保措置の指導	638の4
	・クレーン等の運転合図の統一	639
	・事故現場等の標識の統一（酸欠危険場所等明示・立入禁止等）	640
	・有機溶剤等の容器の集積箇所の統一	641
	・警報の統一（発破・火災・土砂崩壊・出水）	642
	・避難等の訓練の実施方法の統一	642の2
	・建設現場の状況等の周知（資料提供等）	642の3

4. **注文者責任** 安衛法（31条～31条の４） ↓

○	則645条	・軌道装置についての措置
○	646	・型わく支保工についての措置
○	650	・潜函等についての措置
○	651	・ずい道等についての措置
○	652	・ずい道型わく支保工についての措置
○	653	・物品揚卸口等についての措置
○	654	・架設通路についての措置
○	655	・足場についての措置
○	655の２	・作業構台についての措置
○	658.659	・換気装置についての措置
○	660	・圧気工法用設備についての措置

○印：主として最先次の注文者である元方事業者に注文者責任が発生する条項

則644条	・くい打機、くい抜機についての措置
647	・アセチレン溶接装置についての措置
648	・交流アーク溶接機についての措置
649	・電動機械器具についての措置
656	・クレーン等についての措置
657	・ゴンドラについての措置
662の５	・建設機械に係る安全確保
662の６	・パワーショベル等についての措置
662の７	・くい打機等についての措置
662の８	・移動式クレーンについての措置
法31条の４	・違法な指示の禁止

※　　　枠は罰則があり両罰規定がある

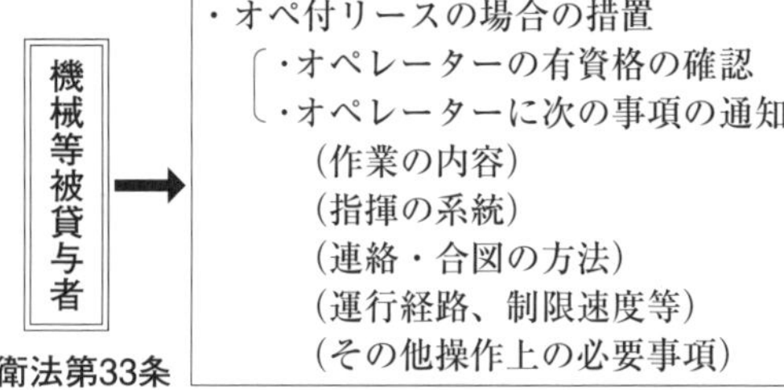

安衛法第33条

対象機械

- ・つり上げ荷重0.5ｔ以上の移動式クレーン
- ・令別表第７に揚げる建設機械で動力を用い、不特定場所へ自走するもの
- ・不整地運搬車
- ・高所作業車（作業床の高さ２ｍ以上）

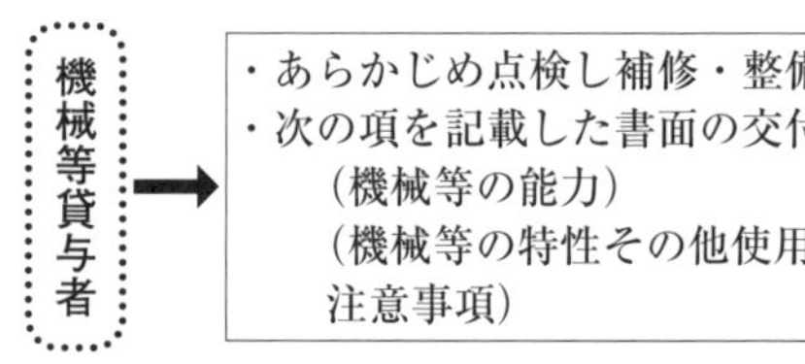

安衛法第33条

①すべての条文に罰則があるわけではない。

以下の項目には罰則がない（代表的なものを抜粋）。

●「協力するようにしなければならない」「努めなければならない」「配慮しなければならない」等の協力義務、努力義務、配慮義務。
（安衛法第３条他）

●共同企業体代表者届（安衛法第５条）
➡代表者が定められるまでの間におけるこの法律上の事業者としての義務は、ジョイント・ベンチャーの構成員それぞれが負う。
（昭和47年９月18日　基発第602号）

●安全衛生推進者・衛生推進者の選任（安衛法第12条の２）

●店社安全衛生管理者（安衛法第15条の３）

●元方事業者の講ずべき措置等（安衛法第29条）
➡法令に違反しないよう指導、是正のために必要な指示

●職長教育（安衛法第60条）

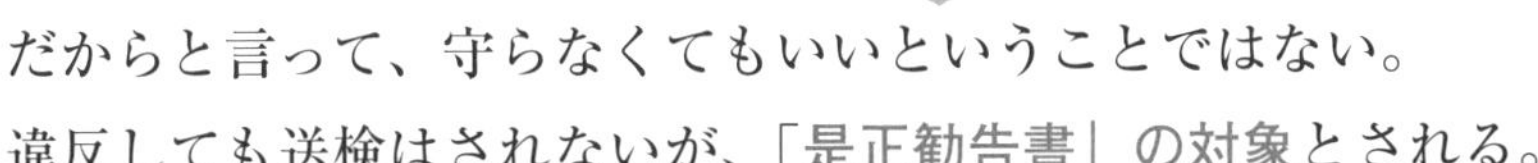

だからと言って、守らなくてもいいということではない。
違反しても送検はされないが、「是正勧告書」の対象とされる。

②指針・通達には罰則がない。

だからと言って、守らなくてもいいということではない。
違反しても送検はされないが、「指導票」の対象とされる。
「是正勧告」の対象にはならない。

ここがポイント

労働安全衛生法における主な元方責任
➡特定元方事業者責任（安衛法第30条）、注文者責任（同法第31条）
機械等貸与者等責任（同法第33条　安衛則第667条）
※「事業者は…」で始まる条文は個別事業者責任！

16 通勤災害とは？

通勤の定義（労災保険法第７条第２項）

通勤とは、労働者が、就業に関し、次に掲げる移動を、合理的な経路及び方法により行うことをいい、業務の性質を有するものを除くものとする。

① 住居と就業の場所との間の往復

② 就業の場所から他の就業の場所への移動

③ 住居と就業の場所との間の往復に先行し、又は後続する住居間の移動

合理的な経路・方法は、公共交通機関・自家用車等が該当する。

上記①～③は具体的には下記の図のとおりである。

①自宅と会社の往復

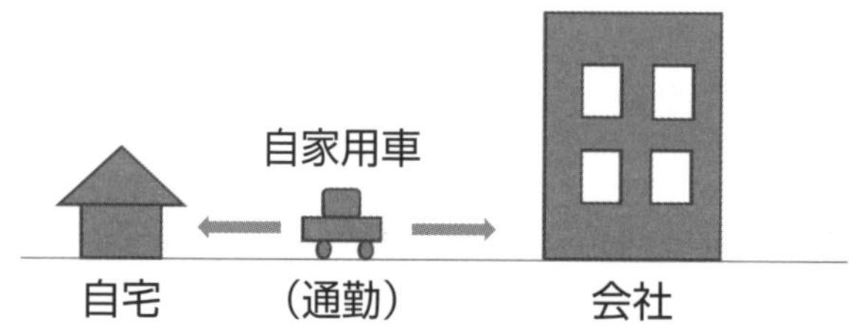

②会社から他の会社への移動（Ａ社・Ｂ社とは、別々の雇用契約）

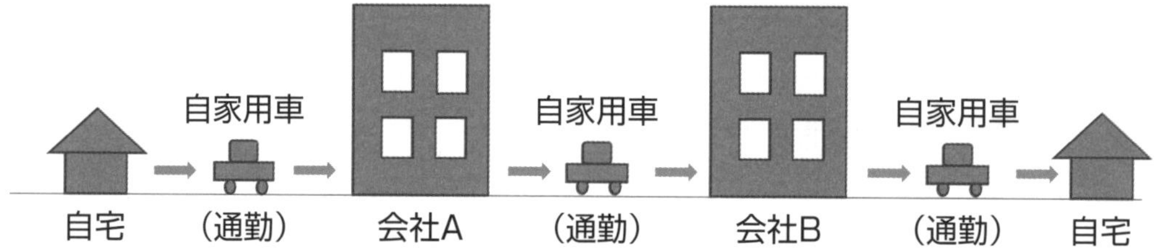

③単身赴任者の留守宅・宿舎間の移動、またはそこからの出勤・帰宅。

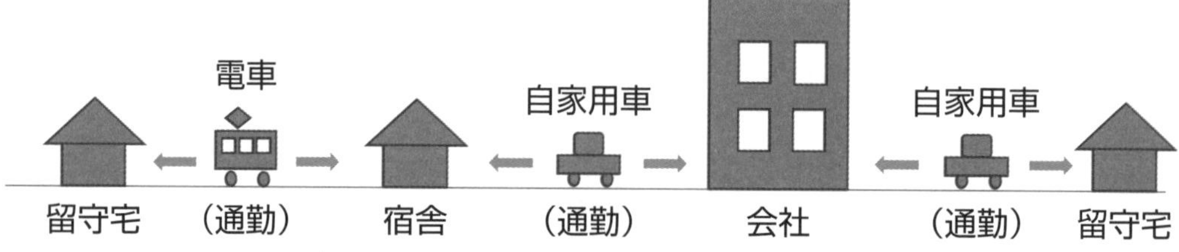

※留守宅と宿舎の移動については、概ね毎月１回以上ある場合に限る
　独身者は、親の介護の場合を除き、基本的に認められない

●通勤災害に認められるかどうかの注意点

① 合理的な経路および方法

通勤のために通常利用する経路であれば、複数あってもそれらの経路はいずれも合理的な経路となる。しかし、理由もなく、著しく遠回りとなる場合は該当しない。

鉄道、バス等の公共交通機関のみならず、自動車、自転車、徒歩の場合も一般に合理的な方法と認められる。

② 経路を逸脱、中断した場合

逸脱とは、通勤の途中で経路をそれることをいい、中断とは、通勤の経路上で通勤と関係ない行為をいう。

なお、逸脱、中断している間とそれ以降は、通勤とされない。

※逸脱、中断の具体例

➡親しい仲間と居酒屋で飲食する。

※通勤の途中でトイレを使用する場合や経路上の店でタバコやジュースを購入する場合等の「ささいな行為」は、逸脱、中断とはならない

「ささいな行為」 ➡ 駅構内でジュースの立ち飲み

※帰宅の途中で惣菜を購入したり、独身者が食堂で夕食をとる場合等の「日常生活上必要な行為」は、逸脱または中断の間を除き、合理的な経路に戻った後は再び通勤となる

「日常生活上必要な行為」 ➡ 日用品の購入、床屋、病院、介護等

●就業場所に行く途中でも業務災害となるケース

① 事業主が提供する専用の交通機関の利用

（例）駅から専用バスを利用する場合

会社から社有車で建設現場へ向かう場合

② 自宅から出張で行く行程

事業者の命令により、通常の勤務地と異なる場所に移動する全行程

ここがポイント

●現場へ向かう途中の交通事故について、業務災害か通勤災害か判断するには**以下の2つが目安**となる。

①社有車の場合は業務災害、個人所有の車の場合は通勤災害の可能性が高い。

②自宅から直接現場へ向かった場合は通勤災害、自分の会社に集合した場合はそこから業務が始まったとみなされて業務災害となる可能性がある。

⬇

これらを勘案して監督署は判断する。

（通勤災害・業務災害を問わず、**まず監督署に報告し、相談すること**）

こんな場合はどうなるの？

『お酒を飲んだ後の帰り道は通勤か？』

A　会社の帰りに気の合った仲間と一杯飲むのは、サラリーマンにとっての楽しみの1つです。

しかし、飲んだ後、飲み屋から自宅までの道のりは、通勤とは認定されません。

このようなケースでは、居酒屋に立ち寄った段階で、通勤経路からの逸脱・中断とみなされ、その後の移動は通勤とされません。通勤災害の定義は、自宅と会社の往復で合理的な経路と方法でなくてはならないためです。

今から20年以上も前の話ですが、会社の同僚2人（AさんとBさん）が、2時間ほど会社の近くの居酒屋で楽しく酒を飲んでいました。午後9時過ぎに2人は別れて、それぞれ別の電車に乗って家路に向かいました。Aさんは、毎日、駅までオートバイで通っていました。その日は運悪く小雨が降っていましたが、Aさんが酔っぱらってオートバイを運転し、ゆるやかな坂道を下っていたとき、小雨で濡れた路面でスリップし、そのまま電柱に激突して亡くなってしまいました。

当然のことながら、通勤災害とは認定されず、また、生命保険にも入っていなかったため、専業主婦だった奥さんには残されたお金はわずかな退職金だけでした。それでも残された奥さんは、小学生2人のお子さんを抱えながら、ある会社に就職して、頑張って働いたそうです（なお、遺族厚生年金・遺族基礎年金は支給されたそうです）。

働く者としては、飲まないで帰れないこともあります。仕事のストレスや愚痴を言いたくなった時、同僚と一杯飲んで、ガス抜きをすることも必要だからです。その場合は、通勤災害にはならないということをよく認識することが必要であり、万一の場合のことを考え生命保険等に加入しておくことも考えなければならないと思います。

もちろん、飲酒運転は言語道断です。

一緒にお酒を飲んでいた同僚のBさんが、告別式で真っ青な顔をしていたことが、今も忘れられません。

こんな場合はどうなるの？

Q 『彼女のアパートからの出勤は通勤か？』

A 独身の男性従業員が、早朝、交通事故で亡くなるという事案がありました。

交通事故が発生した場所は、会社の独身寮とは正反対の方向で、よくよく調べてみると、彼には婚約者がいて、どうも彼女のアパートから毎日出勤していたようでした。通勤災害は、自宅から会社までの合理的な経路で発生したことが条件ですが、婚約者の住居が自宅に該当するかどうかというのが焦点となります。

残念ながら、婚約者の住居は自宅や留守宅には該当しません。したがって、このケースでは、通勤災害ではありません。

ちなみに、要介護状態にある親の介護をするために実家に泊まり、そこから出勤する場合には、通勤と認められます。

なお、この事案では本人が亡くなってしまっているので、問題にはされませんでしたが、会社が支給する通勤手当と異なるルートで通っている場合、通勤手当の不正受給として懲戒処分等の対象になることもあります。

いずれにしても、彼女の家から出勤する場合は、ご注意あれ！

ここがポイント

- 通勤災害の労災保険の給付額は、業務上とほぼ同じ。
  ➡一部負担金（200円）が最初の休業給付から控除される。
- 補償の２文字がない。また、言い方が異なる場合がある。
  （例）業務災害の場合：休業**補償**給付　➡　通勤災害の場合：休業給付
  （例）業務災害の場合：葬祭料　➡　通勤災害の場合：葬祭給付

17 交通事故は、業務災害か、通勤災害か？

問い

労働者４人が同乗するワゴン車が、現場へ向かう途中、高速道路でスリップをして中央分離帯に激突し、運転手が死亡、残りのうち２人重傷、１人軽傷の交通事故（自損事故）が発生した。

なお、４人は２次業者に集合した後、社有車のワゴン車で、元請負人の現場へ向かう途中だった。

このケースは次のうちどれに判定されるのか？

①通勤災害と判定される

②業務災害と判断される

③通勤災害でも、業務災害でもなく、単に交通事故として処理される

答え

監督署の判断にもよるが、答えは②の業務災害となる。

まず、通勤とは住居と就業の場所との往復で、合理的な経路方法となっている。

そのため、自宅と会社の往復であれば通勤に該当するが、会社に集まった時点で既に業務が始まっていると考えられる。また、ワゴン車も社有車であり、事業主の支配下にあると考えられる。

業務災害で、かつ休業災害であれば、労働者死傷病報告書を監督署へ提出しなければならない。

また、この交通事故は、１事故３人以上が被災し、この場合は重大災害に該当するため、監督署による調査も徹底的に行われる。

なお、実際は交通事故として処理され、自動車保険の自賠責や任意保険から補償されるが、万一補償額が不足する場合は、元請の労災保険から補償されることになる（次項参照）。

したがって、現場の外で発生した交通事故であっても、元請負人へ連絡すること。

≪通勤と業務の区分≫

自宅と会社の往復は通勤、社有車で会社から現場までは業務

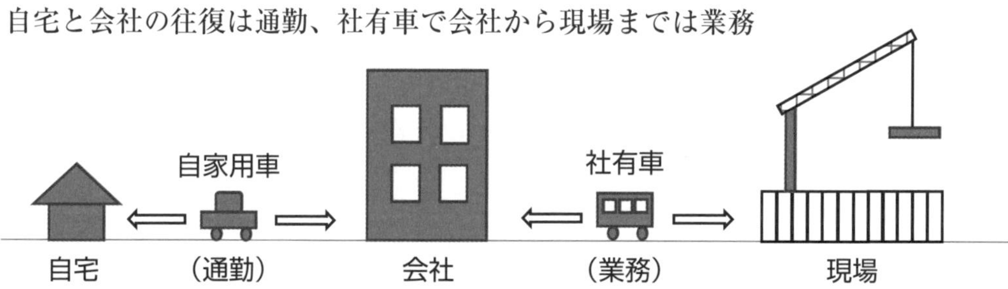

18 業務災害と通勤災害は何が違うのか？

（1）労災保険での相違点について

基本的には、業務災害と通勤災害における労災保険からの給付内容は同じだが、以下の相違点がある。

① **呼び名が異なる。**

通勤災害には、「補償」という２文字がない。なお、特別支給金の呼び名は同じである。

保険給付要因	業務災害	通勤災害
負傷・疾病の療養	療養補償給付	療養給付
療養による休業	休業補償給付	休業給付
負傷・疾病が治癒せず傷病等級に該当	傷病補償年金	傷病年金
負傷・疾病が治癒したが障害等級に該当	障害補償給付	障害給付
自宅介護	介護補償給付	介護給付
死亡した際の遺族補償	遺族補償給付	遺族給付
死亡した際の葬式代	葬祭料	葬祭給付

② **通勤災害には、原則200円（健康保険の日雇特例被保険者は100円）の一部負担金がある。**

一部負担金は最初の休業給付から控除される（別途納めるわけではない）。２回目以降は、控除されない。初回のみ控除される。

なお、以下の者は一部負担金が免除されている。

・第三者の行為によって生じた事故により療養給付を受ける者
・療養の開始後三日以内に死亡した者その他休業給付を受けない者
・同一の通勤災害に係る療養給付について既に一部負担金を納付した者
・特別加入者

③ **通勤災害は、労災メリット制度には関係がないため、保険料が追徴されることはない。**

（2）労基法上の相違点について

① 待機期間（３日間）の休業補償について、業務災害は事業主に補償義務があるが、通勤災害には補償義務がない。

労基法においては、「業務上負傷」と限定されている。

ここがポイント

● 業務災害と通勤災害は**呼び名が異なる**。
⇒労災保険の請求の用紙も異なるということ。

● **労災保険は原則現物支給**のため、病院窓口等で一部負担金を支払うことはなく、また初回の休業給付から控除されるので、一部負担金の存在があまり意識されない。

労基法

第75条（療養補償）

労働者が業務上負傷し、又は疾病にかかった場合においては、使用者は、その費用で必要な療養を行い、又は必要な療養の費用を負担しなければならない。

労基法第76条（休業補償）

労働者が前条の規定による療養のため、労働することができないために賃金を受けない場合においては、使用者は、労働者の療養中平均賃金の100分の60の休業補償を行わなければならない。

② 通勤災害には、解雇制限がない。

解雇制限のあるのは、「業務上負傷」「産前産後」により休業する期間及びその後30日間のみ。

労基法第19条（解雇制限）

使用者は、労働者が業務上負傷し、又は疾病にかかり療養のために休業する期間及びその後30日間並びに産前産後の女性が第65条の規定によって休業する期間及びその後30日間は、解雇してはならない。ただし、使用者が、第81条の規定によって打切補償を支払う場合又は天災事変その他やむを得ない事由のために事業の継続が不可能となった場合においては、この限りでない。

（3）安衛法上の相違点について

休業した場合の監督署への報告（死傷病報告書の提出）の義務は、業務災害にはあるが、通勤災害にはない。なお、安衛法における労働災害に通勤災害は含まれていない。

安衛則第97条（労働者死傷病報告）

事業者は、労働者が労働災害その他就業中又は事業場内若しくはその附属建設物内における負傷、窒息又は急性中毒により死亡し、又は休業したときは、遅滞なく、様式第23号による報告書を所轄労働基準監督署長に提出しなければならない。

2 前項の場合において、休業の日数が４日に満たないときは、事業者は、同項の規定にかかわらず、１月から３月まで、４月から６月まで、７月から９月まで及び10月から12月までの期間における当該事実について、様式第24号による報告書をそれぞれの期間における最後の月の翌月末日までに、所轄労働基準監督署長に提出しなければならない。

ここがポイント

●業務災害と通勤災害の判断がしづらい交通事故については、**監督署の判断**を仰いだ方がよい。（P94参照）

19 監督署で自賠責先行と言われたら…

◎交通事故による業務災害・通勤災害が発生し
労働基準監督署で自賠責先行と言われたら

元々、下記の通達があるため、労災保険ではなく自賠責保険を先行するように指導を受けることがある。自賠責保険による補償内容は、治療関係費、文書料、休業損害および慰謝料の合計が限度額まで支払われる（限度額を超えた分については、労災保険に切り替え）。

限度額（被害者１名につき）　１２０万円

通達（昭和41年12月16日付け基発第1305号）

労災保険の給付と自賠責保険の損害賠償額の支払との先後の調整については、給付事務の円滑化をはかるため、原則として自賠責保険の支払を労災保険の給付に先行させるよう取り扱うこと。

しかし、平成17年の下記の通達により、「自賠責先行」か「最初から労災保険を使う」かについて、自由に選択することができる。

通達（平成17年2月1日付け　基発第0201009号）

自賠責先行の原則を踏まえつつ、第一当事者等の意向が労災保険を希望するものであれば、労災保険の給付を自賠責保険等による保険金支払よりも先行させることとしているところであるが、労災保険の給付請求と自賠責保険等の保険金支払請求のどちらを先行させるかについては、第一当事者等がその自由意思に基づき決定するものであるため、その意思に反して強制に及ぶようなことのないよう留意すること。

よって、自動車事故によって業務災害、通勤災害により被災した場合は
「労災保険」か「自賠責保険」の請求が可能となる。

➡どちらを選択するかは、給付の違いを理解する必要がある。

自賠責保険とは

自賠責保険（共済）は、交通事故による被害者を救済するため、加害者が負うべき経済的な負担を補てんすることにより、基本的な対人賠償を確保することを目的としており、原動機付自転車（原付）を含むすべての自動車に加入が義務付けられている。

（自賠責保険の特徴）

① 補償限度額が法令によって定められている（傷害の場合は、120万円）。

② 過失相殺は行われない。ただし、被害者に重大な過失があった場合にのみ減額される（7割以上の過失がある場合をいう）。

③ 自損事故の場合、運転者は補償されない。同乗者は、補償の対象となる。（自動車の所有者の場合は、同乗者であっても補償されない）。

「自賠責保険」「労災保険」の違い

	自賠責保険	労災保険
治療費	自由診療	保険診療
	※治療内容が同じであっても、診療報酬が異なる場合がある。	
治療関係経費等	①診断書等の費用 必要・妥当な実費 ②入院中の諸雑費 1,100円／日　支給 ③文書料 支給 ④通院費 必要・妥当な実費	①診断書等の費用 支給されない ②入院中の諸雑費 支給されない ③文書料 支給されない ④通院費 支給要件に該当した場合のみ
休業損害	休業1日目から 6,100円／日（上限19,000円） 有給休暇の休業補償も対象	休業4日目から 60％＋20％＝80％ 有給休暇の休業補償は対象外
慰謝料	4,300円／日	支給されない
支給上限	120万円	上限なし

ここがポイント

●単純に保険会社任せにせず、被災状況、過失割合、相手の保険の加入状況等を考慮して、対処方針を決める必要がある。

➡被災状況にもよるが、治療費は労災保険。休業補償は自賠責保険に請求。労災保険からは特別支給金（休業補償の20％）を請求することもできる。

➡労災保険を使う場合は、**「労災保険先行申立書」**が必要となる。

●労災保険給付の原因である災害が第三者の行為等によって生じたものは、**「第三者行為災害届」**が必要となる（次項参照）。

20 第三者行為災害とは？

第三者行為災害とは

労災保険給付の原因である災害が第三者（※）の行為等によって生じたもので、労災保険の受給権者である被災労働者または遺族に対して、第三者が損害賠償の義務を有しているものをいう。

※ 「第三者」とは、当該災害に関する労災保険の保険関係の当事者（政府、事業主および労災保険の受給権者）以外の者のことをいう

第三者行為災害に該当する場合には、被災者等は第三者に対し損害賠償請求権を取得すると同時に、労災保険に対しても給付請求権を取得することとなる。

この場合、同一の事由について両者から損害のてん補を受けることになれば、実際の損害額より多くが支払われ不合理である。

また、本来被災者等への損害のてん補は、政府によってではなく、災害の原因となった加害行為等に基づき損害賠償責任を負う第三者が最終的には負担すべきものであると考えられる。

このため、労災保険法第12条の４において、第三者行為災害に関する労災保険給付と民事損害賠償との支給調整を次のように定めている。

① 先に政府が労災保険給付をしたときは、政府は、被災者等が第三者に対して有する損害賠償請求権を労災保険給付の価額の限度で取得する（政府が取得した損害賠償請求権を行使することを「求償」という）。

② 被災者等が第三者から先に損害賠償を受けたときは、政府は、その価額の限度で労災保険給付をしないことができる（「控除」）。

厚生労働省「第三者行為災害のしおり」より

労災保険法第12条の４（第三者の行為による事故）

政府は、保険給付の原因である事故が第三者の行為によって生じた場合において、保険給付をしたときは、その給付の価額の限度で、保険給付を受けた者が第三者に対して有する損害賠償の請求権を取得する。

二 前項の場合において、保険給付を受けるべき者が当該第三者から同一の事由について損害賠償を受けたときは、政府は、その価額の限度で保険給付をしないことができる。

労災補償と損害賠償との関係

【労災保険給付を先に受けた場合】労災保険法第12条の4第1項

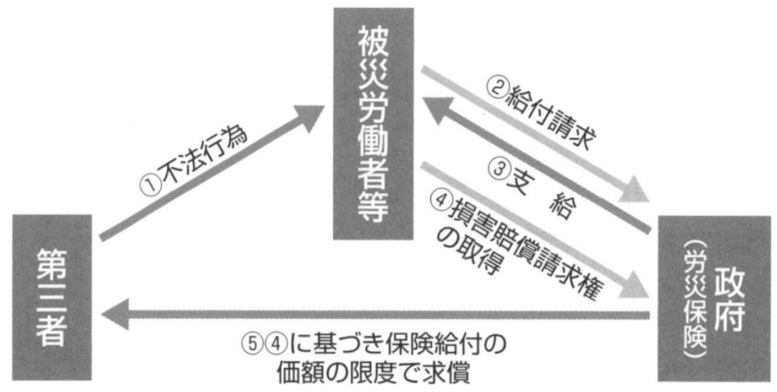

【損害賠償を先に受けた場合】労災保険法第12条の4第2項

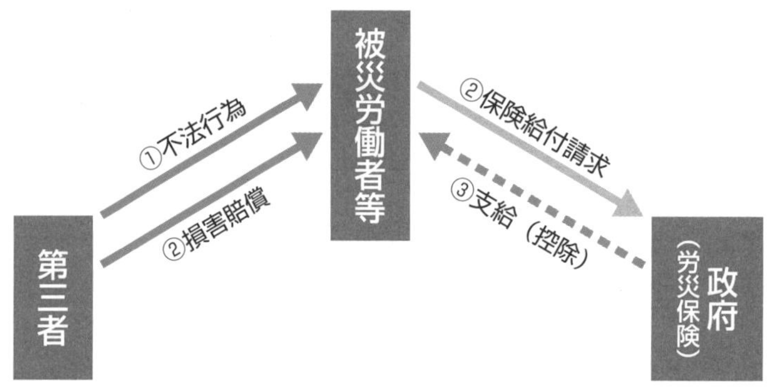

ここがポイント

- 「第三者」とは、労災保険の保険関係の当事者以外の者
  ただし、現場内の作業員間の行為でも第三者行為災害届を出すよう言われるケースもある（監督署とよく相談すること）。
- 交通事故で、相手がある場合には「第三行為災害届」「念書（兼同意書）」他が必要。
- 勝手に示談しないこと。

21｜示談をしなければならないケースとは？

（1）なぜ示談をしなければならないのか？

業務上の災害が発生した場合に、労基法において使用者は、療養補償、休業補償、障害補償、遺族補償等をしなければならないと定めている。建設業においては、元請負人を使用者とみなしている（労基法第87条）。

また、労基法では労災保険が給付された場合、使用者は補償の責任を免れるとなっている（労基法第84条）。

ここで注意すべき点は、労基法第84条第2項に記載のとおり、『同一の事由については、その価額の限度において民法による損害賠償の責を免れる』という点である。

したがって、休業補償の不足分や慰謝料等については、民事的な賠償責任が生じた場合には、補填されていないということになる。

では、民事的な賠償責任とはどういうことか？

『不法行為責任』、『安全配慮義務』、『安衛法の事業者等の責務』等といった責任が事業者や元請負人に生じた場合には、労災保険との差額分について民事的な賠償責任を負うため、示談をしなければならないことになる。

労基法　第8章　災害補償

第75条（療養補償）

労働者が業務上負傷し、又は疾病にかかった場合においては、使用者は、その費用で必要な療養を行い、又は必要な療養の費用を負担しなければならない。

第76条（休業補償）

労働者が前条の規定による療養のため、労働することができないために賃金を受けない場合においては、使用者は、労働者の療養中平均賃金の100分の60の休業補償を行わなければならない。

第77条（障害補償）、第79条（遺族補償）、第80条（葬祭料）

第84条（他の法律との関係）

この法律に規定する災害補償の事由について、労働者災害補償保険法又は厚生労働省令で指定する法令に基づいてこの法律の災害補償に相当する給付が行なわれるべきものである場合においては、使用者は、補償の責を免れる。

2　使用者は、この法律による補償を行った場合においては、同一の事由については、その価額の限度において民法による損害賠償の責を免れる。

第87条（請負事業に関する例外）

厚生労働省令で定める事業が数次の請負によって行われる場合においては、災害補償については、その元請負人を使用者とみなす。

2　前項の場合、元請負人が書面による契約で下請負人に補償を引き受けさせた場合においては、その下請負人もまた使用者とする。但し、二以上の下請負人に、同一の事業について重複して補償を引き受けさせてはならない。

第88条（補償に関する細目）
この章に定めるものの外、補償に関する細目は、厚生労働省令で定める。

（2）労災保険ではすべての損害を補填できない？

労災保険で支払われるもの
- ●療養費（病院・薬局等に支払われる費用（全額））
- ●休業補償（平均賃金の60％：休業４日目以降）
- ●障害補償（後遺症の等級に応じて、年金または一時金）
- ●葬祭料（葬儀にかかる費用）
- ●遺族補償（遺族の範囲等により年金または一時金）

等がある。

したがって、下記の分についての損害は補填されない。

◎被災者が入院・通院したことに対する慰謝料

◎遺族に対する慰謝料

◎休業３日分の休業補償

◎休業補償の40％分

◎逸失利益　　　　　　　　等

そのため、後遺症災害･死亡災害においては、その差額について示談する必要がある。下記の図のようなイメージである。

（労災事故のため損失した損害）－（労災保険の給付）＝（示談金）

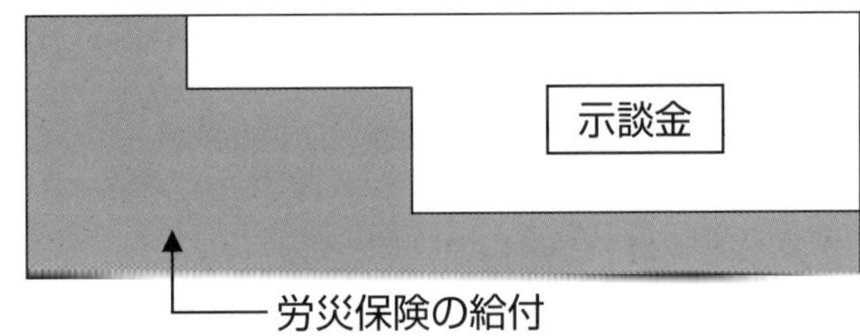

民事損害賠償額（労災事故のため損失した損害）

●財産的損害
- 積極的損害……実際に生じた損害（治療費、葬祭費、弁護士費用）
- 消極的損害……被災しなければ得た利益（逸失利益、休業補償）

●精神的損害……慰謝料

（3）使用者の民事上の賠償責任の根拠は？

●不法行為責任

故意または過失によって、他人の権利や法律上保護される利益を侵害した場合、民法第709条により、その損害を賠償する責任を負う。

不法行為責任は、交通事故の場合等、契約関係等のない当事者間においても成立する。

民法第709条（不法行為による損害賠償）

故意又は過失によって他人の権利又は法律上保護される利益を侵害した者は、これによって生じた損害を賠償する責任を負う。

●債務不履行責任（民法第415条）と安全配慮義務違反

事件・事故の加害者と被害者の間に契約がある等、加害者が被害者に対して義務を負っている場合に、加害者がその義務を履行しなかったために被害者が損害を被ったときは、加害者は被害者に対してその損害を賠償する義務を負う。これを債務不履行責任という。

会社は、労働者が安全に働ける環境を整備する「安全配慮義務」を負っており、会社が安全配慮義務を怠ったことが理由で労災が発生した場合、労働者は会社の“安全配慮義務違反”に基づき、「債務不履行」による損害賠償請求をすることができる。

なお、安全配慮義務違反に基づく損害賠償請求の際には、債務不履行のみならず、不法行為責任も併せて追及する場合もある。

民法第415条（債務不履行による損害賠償）

債務者がその債務の本旨に従った履行をしないとき又は債務の履行が不能であるときは、債権者は、これによって生じた損害の賠償を請求することができる。ただし、その債務の不履行が契約その他の債務の発生原因及び取引上の社会通念に照らして債務者の責めに帰することができない事由によるものであるときは、この限りでない。

2　前項の規定により損害賠償の請求をすることができる場合において、債権者は、次に掲げるときは、債務の履行に代わる損害賠償の請求をすることができる。

一　債務の履行が不能であるとき。

二　債務者がその債務の履行を拒絶する意思を明確に表示したとき。

三　債務が契約によって生じたものである場合において、その契約が解除され、又は債務の不履行による契約の解除権が発生したとき。

→陸上自衛隊八戸車両整備工場事件

(最高裁昭和50年2月25日第三小法廷判決)

この判決は、国は、公務員に対し、国が公務執行のために設置すべき場所、施設もしくは器具等の設置管理または公務員が国もしくは上司の指示のもとに遂行する公務の管理にあたって、公務員の生命および健康等を危険から保護するよう配慮すべき義務を負っていると判断された。

(民法第415条(債務不履行による損害賠償)により、国が「安全配慮義務」を負っていると解釈、この判決により、以降、一般企業においても労働災害には「安全配慮義務」があると解釈された)

これらの判例が蓄積され、労働契約法に反映された。(平成20年3月1日施行)

労働契約法第5条(労働者の安全への配慮)

使用者は、労働契約に伴い、労働者がその生命、身体等の安全を確保しつつ労働することができるよう、必要な配慮をするものとする。

労働契約法における使用者、労働者とは第2条において

・「使用者」とは、その使用する労働者に対して賃金を支払う者

・「労働者」とは、使用者に使用されて労働し、賃金を支払われる者

となっているため、元請と下請負業者の労働者はこれには当たらない。

しかし、過去の最高裁等の判例においては、元請は下請負業者の労働者に対して、「安全配慮義務」があるとする判決がある。

(参考)

① 三菱重工業神戸造船所事件(平成3年4月11日最高裁判決)

→本判決は、直接の雇用関係がない下請労働者に対する元請企業の安全配慮義務を、最高裁が認めた判決。

② H工務店(大工負傷)事件(平成20年7月30日大阪高裁判決)

→一人親方として現場作業に従事していた被災者(大工歴30年)が、墜落により負傷した。安全配慮義務違反に基づく損害賠償を求めたが、個人事業主であることを理由に棄却されたため、控訴した。

大阪高裁は、請負契約の色彩が強いものの、元請が管理する現場で指示・命令に従ったこと等、実質的な使用従属関係にあったと判決。

(ただし、墜落には被災者側に道具選択と技量の誤りがあり、8割を過失相殺した)

安全配慮義務違反とは？

安全配慮義務における「予見可能性」とは、職場（現場）に存在する「危険性・有害性を予見できた可能性」のことをいう。つまり、作業に携わる人が労働災害の発生を予見できた場合に、回避や防止のための対策が行われたかどうかがポイントになる。

したがって、危険性・有害性が予見されているにもかかわらず、そのリスクを除去・低減することを実行しなければ、安全配慮義務違反となる。

その場合には、労働者より民事損害賠償を請求される場合がある。

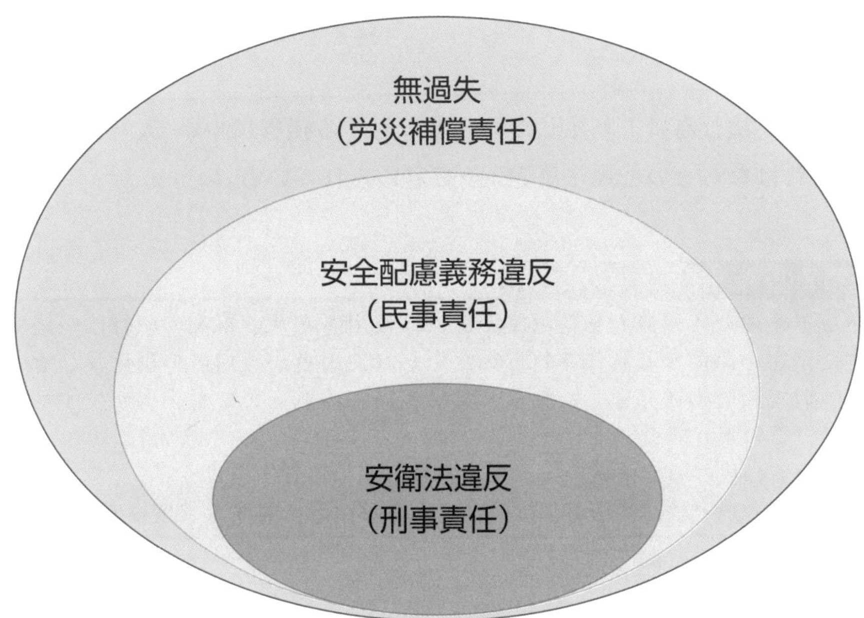

災害発生時の責任区分

ここがポイント

- 安全配慮義務の履行のための２つのポイント。
  - ・**危険性・有害性を予見すること。**
  - ・**予見した危険性・有害性を除去・低減すること。**
  - ➡その対策の１つが、リスクアセスメントを実施するということ。
- 安衛法違反（刑事責任）より、安全配慮義務違反（民事責任）の方が該当する範囲が広いということ。

●労働安全衛生法の事業者等の責務

労働災害防止や労働者の安全衛生確保のために事業者が負う責任について、「事業者等の責務」として安衛法第３条に規定されている。

安衛法第３条（事業者等の責務）

事業者は、単にこの法律で定める労働災害の防止のための最低基準を守るだけでなく、快適な職場環境の実現と労働条件の改善を通じて職場における労働者の安全と健康を確保するようにしなければならない。

●使用者責任

従業員の不法行為により生じた第三者に対する損害について、会社も損害賠償請求をしなければならないと民法第715条で定められている。

民法第715条（使用者等の責任）

ある事業のために他人を使用する者は、被用者がその事業の執行について第三者に加えた損害を賠償する責任を負う。ただし、使用者が被用者の選任及びその事業の監督について相当の注意をしたとき、又は相当の注意をしても損害が生ずべきであったときは、この限りでない。

2　使用者に代わって事業を監督する者も、前項の責任を負う。

3　前二項の規定は、使用者又は監督者から被用者に対する求償権の行使を妨げない。

（具体例）

小崎建設事件（最高裁昭和45年２月12日第一小法廷判决）

→元請が孫請けの被用者の不法行為によって生じた損害について使用者賠償責任を負うケース

●建設業者等の責務

（建設工事従事者の安全及び健康の確保の推進に関する法律：「建設職人基本法」）

→建設工事従事者（一人親方含む）の安全・健康の確保に関し、基本理念を定め、並びに国、都道府県および建設業者等の責務を明らかにした。

建設職人基本法第６条（建設業者等の責務）

建設業者等は、基本理念にのっとり、その事業活動に関し、建設工事従事者の安全及び健康の確保のために必要な措置を講ずるとともに、国又は都道府県が実施する建設工事従事者の安全及び健康の確保に関する施策に協力する責務を有する。

（4）運行供用者責任

自賠責法第３条において、「自己のために自動車を運行の用に供する者」（運行供用者）とは、自動車の保有者のみならず、自動車の運行に伴い利益を得た者も含むため、元請負人もその責務を負うとされている。

自賠責法第３条（自動車損害賠償責任）

自己のために自動車を運行の用に供する者は、その運行によって他人の生命又は身体を害したときは、これによって生じた損害を賠償する責に任ずる。ただし、自己及び運転者が自動車の運行に関し注意を怠らなかったこと、被害者又は運転者以外の第三者に故意又は過失があったこと並びに自動車に構造上の欠陥又は機能の障害がなかったことを証明したときは、この限りでない。

裁判事例により、間接的ではあっても下請会社の従業員に指揮監督が及ぶ場合には、元請会社に運行支配、運行利益が認められるとして、元請の運行供用者責任が認められる場合がある。

ここがポイント

- 後遺症が残った災害等は、災害発生から相当の時間が経過した後、被災者側の弁護士から損害賠償請求をされることがある。
  ➡災害が発生してから、**被災者が完治もしくは治癒（症状固定）する**まで確実にフォローすることが大切である。

22 誰と示談をするのか？

（1）民法における相続の順位と法定相続分

相続する順位	相続人になる人	各相続人の割合	備考
第1順位	配偶者と子	・配偶者　：1/2 ・子　　　：1/2	子が複数なら1/2を人数で按分
第2順位	配偶者と父母（または祖父母）	・配偶者　：2/3 ・父母（または祖父母）：1/3	父母両方とも（祖父母両方とも）なら1/3を人数で按分
第3順位	配偶者と兄弟姉妹	・配偶者　：3/4 ・兄弟姉妹：1/4	兄弟姉妹が複数なら1/4を人数で按分

※事実婚等で内縁関係にある配偶者は、遺産を相続する「法定相続人」にはなれない

（2）労災保険法における遺族補償給付の順位

<table>
<tr><th>順位</th><th>給付</th><th>生計維持関係</th><th colspan="2">遺族の要件（労働者の死亡の当時）</th></tr>
<tr><td>①</td><td rowspan="10">遺族補償年金</td><td rowspan="10">あり</td><td colspan="2">妻または60歳以上か一定障害の夫</td></tr>
<tr><td>②</td><td colspan="2">18歳に達する日以後の最初の3月31日までの間にあるか一定障害の子</td></tr>
<tr><td>③</td><td colspan="2">60歳以上か一定障害の父母</td></tr>
<tr><td>④</td><td colspan="2">18歳に達する日以後の最初の3月31日までの間にあるか一定障害の孫</td></tr>
<tr><td>⑤</td><td colspan="2">60歳以上か一定障害の祖父母</td></tr>
<tr><td>⑥</td><td colspan="2">18歳に達する日以後の最初の3月31日までの間にあるか60歳以上または一定障害の兄弟姉妹</td></tr>
<tr><td>⑦</td><td colspan="2">55歳以上60歳未満の夫（60歳に達する月まで支給停止）</td></tr>
<tr><td>⑧</td><td colspan="2">55歳以上60歳未満の父母（　〃　）</td></tr>
<tr><td>⑨</td><td colspan="2">55歳以上60歳未満の祖父母（　〃　）</td></tr>
<tr><td>⑩</td><td colspan="2">55歳以上60歳未満の兄弟姉妹（　〃　）</td></tr>
<tr><td>⑪</td><td rowspan="10">遺族補償一時金</td><td></td><td rowspan="10">遺族補償年金の受給権者がいない</td><td>配偶者</td></tr>
<tr><td>⑫</td><td rowspan="4">あり</td><td>子</td></tr>
<tr><td>⑬</td><td>父母</td></tr>
<tr><td>⑭</td><td>孫</td></tr>
<tr><td>⑮</td><td>祖父母</td></tr>
<tr><td>⑯</td><td rowspan="4">なし</td><td>子</td></tr>
<tr><td>⑰</td><td>父母</td></tr>
<tr><td>⑱</td><td>孫</td></tr>
<tr><td>⑲</td><td>祖父母</td></tr>
<tr><td>⑳</td><td></td><td>兄弟姉妹</td></tr>
</table>

※配偶者には、事実上婚姻関係（内縁関係）にあった者も含まれる
※生計維持関係とは、同居して生活を同じくしていること。ただし、別居していて仕送りしている場合も含まれる

（3）民法における相続の順位と労災保険法における遺族補償給付の順位が異なる場合がある。

民法においては、生計維持関係や年齢等に関係なく、その続柄において相続の順位と法定相続分が定められている。

一方、労災保険法においては、生計維持関係や年齢等により、受給権者の順位が定められている。

また、事実婚等で内縁関係にある配偶者についても、民法においては法定相続人にはなることはできないが、労災保険法においては、受給権者の対象となる。

ただし、重婚的内縁関係にあった場合は、ケースによって対応が異なる。

（例１）配偶者と離婚。実母と２人暮らし。既に実子が成人になり独立している場合。

●民法上の相続人　　　：実子

●遺族補償給付受給権者：実母

（例２）内縁の妻と２人暮らし。離婚した前妻との間に実子がいる場合。

●民法上の相続人　　　：実子

●遺族補償給付受給権者：内縁の妻

（4）では、誰と示談をするのか？

（死亡災害の場合）

民法で定めるところの法定相続人の全員を当事者として示談を締結することになる。

なお、事実婚等で内縁関係にある配偶者は、「法定相続人」にはなれないので、労災保険の受給権者として保護されることになる。

（後遺症が残った災害の場合）

被災者に意識があり、示談行為を行うことができるのであれば、被災者を当事者として示談を締結することになる。

しかし、被災者の意識が回復せずに治癒になった場合は、本人と示談を締結することはできない。そのような場合は、配偶者や四親等以内の親族等が家庭裁判所に対し、成年後見人の選任の申立てを行うことができる。そうすれば、家庭裁判所によって選任された成年後見人等を被災者本人の代理として示談を行うことができる。

23 損害賠償額から控除できるものは何か？

（1）将来補償される年金の取扱いは？

後遺障害が残った場合には『障害補償年金』、死亡した場合には遺族に対して『遺族補償年金』が労災保険から支払われる場合がある。

一時金やすでに支給された給付額は、賠償金から控除できるが、“支給が確定していない将来分”の給付については基本的に控除できない。

しかし、未確定の給付についても、労災保険法附則第64条において以下のような調整規定がある。

●年金給付を受ける権利が消滅するまでの間、会社は、前払一時金給付の最高限度額に相当する額を限度として賠償金の支払いを保留することができる。

●保留期間中に年金給付または前払一時金給付がなされた場合、会社は、給付額を限度として賠償責任を免れる。

労災保険法附則第64条

一　事業主は、当該労働者又はその遺族の年金給付を受ける権利が消滅するまでの間、その損害の発生時から当該年金給付に係る前払一時金給付を受けるべき時までのその損害の発生時における法定利率により計算される額を合算した場合における当該合算した額が当該前払一時金給付の最高限度額に相当する額となるべき額（次号の規定により損害賠償の責めを免れたときは、その免れた額を控除した額）の限度で、その損害賠償の履行をしないことができる。

二　前号の規定により損害賠償の履行が猶予されている場合において、年金給付又は前払一時金給付の支給が行われたときは、事業主は、その損害の発生時から当該支給が行われた時までのその損害の発生時における法定利率により計算される額を合算した場合における当該合算した額が当該年金給付又は前払一時金給付の額となるべき額の限度で、その損害賠償の責めを免れる。

【前払一時金給付の最高限度額】

被災者死亡	遺族補償年金	給付基礎日額の 1,000 日分
障害等級　1級	障害補償年金	給付基礎日額の 1,340 日分
2級	〃	給付基礎日額の 1,190 日分
3級	〃	給付基礎日額の 1,050 日分
4級	〃	給付基礎日額の　920 日分
5級	〃	給付基礎日額の　790 日分
6級	〃	給付基礎日額の　670 日分
7級	〃	給付基礎日額の　560 日分

※障害等級８～14級は年金ではなく、一時金となっている

（2）特別支給金は、損害賠償額から控除できない？

最高裁判例より、特別支給金が損害賠償額から控除できないということが示されている。

コック食品事件（平成８年２月23日最高裁）

『特別支給金の支給は、労働福祉事業の一環として、被災労働者の療養生活の援護等によりその福祉の増進を図るために行われるものであり、特別支給金が被災労働者の損害をてん補する性質を有するということはできず、したがって、被災労働者が労災保険から受領した特別支給金をその損害額から控除することはできないというべきである。』というのが最高裁の判決である。

（3）過失相殺とは？

過失相殺とは、労災事故の被災者にも過失がある場合、過失の大きさに応じて民事賠償金を減額処理することをいう。

なお、交通事故においては、細かく数値で表されているが、労働災害の場合、判例も少なく、発生状況も様々であり、数値化するのは極めて難しいと考えられている。

（具体的な過失相殺の手順）

労災保険給付がある場合には、損害賠償額から控除される。これを『損益相殺』という。

損害賠償額を算出する際、この『損益相殺』と『過失相殺』のどちらを先に行うかが問題となる。

労災保険による給付を先に控除してから過失相殺を行った方が、被災者等が受け取ることができる金額は多くなるが、判例上は『過失相殺を先に行い、その後で労災保険給付金などの既払い金の控除を行う』ことが一般的である。

24 労災上乗せ保険に加入すること！

労災上乗せ保険とは？

労災上乗せ保険（労働災害総合保険）は、労働者が政府労災保険（※任意保険と区別した呼称）等で給付の対象となる労働災害を被った場合に、元請や関係請負人が災害補償金や損害賠償金を負担することによる損害を補償する。

建設工事においては、自社の労働者だけでなく、下請負人の労働者についても損害の補償をしなければならないこともあり、必ず被保険者の下請負人またはその被用者まで対象（下請負人被用者担保特約等）となる保険に加入すること。

政府労災保険等に加入していることが、契約の前提となるため、特別加入していない一人親方は対象外になる。

①　法定外補償保険

被用者が業務上の事由により保険期間中に身体の障害を被り、政府労災保険等の認定を受けた場合に、被保険者が政府労災保険等の上乗せ補償を行うことにより被る損害に対して保険金が支払われる。なお、被災した被用者またはその遺族に支払われた分だけ、付保した限度額内で保険金が支給される。

なお、支払い限度額は、金額で設定する方法と日数（例えば、平均賃金の10,000日分）で設定する方法がある。

・死亡補償保険金

労災事故により死亡した場合、あらかじめ設定した金額

➡死亡時の金額として15,000千円で保険を付保するケースが多い。

・後遺障害補償保険金

労災事故により後遺障害を被った場合、あらかじめ設定した金額

➡後遺症１級の金額として15,000千円として、14級まで段階の金額を設定して保険を付保するケースが多い。

②　使用者賠償責任保険

被用者が業務上の事由により保険期間中に身体の障害を被り、政府労災保険等の認定を受けた場合に、被保険者が法律上の賠償責任を負担することにより被る損害に対して保険金が支払われる。

例えば、損害賠償責任に関する訴訟や示談交渉において、被保険者が支出した弁護

士費用等の争訟費用が支払われる。（訴訟に限らず、調停・示談等も含む。）

ただし、法律上の損害賠償金は、賠償責任の承認または賠償金額の決定前に保険会社の同意が必要となるので、保険会社との綿密な打ち合わせが必要となる。

法律上の損害賠償金は、正味損害賠償金額から、免責金額を差し引いた分が支払われる。ただし、支払限度額が、限度となる。

支払われる保険金（損害賠償金額）	＝	正味損害賠償金額	－	免責金額

※正味損害賠償金額は、損害賠償金額から次の金額の合算額を差し引いた額

・政府労災保険等により給付されるべき金額

・自動車損害賠償責任保険等により支払われるべき金額

・法定外補償で支払われる金額

（東京海上日動火災保険㈱HP参照）

高額示談金例

●死亡災害　6,419万円（配線作業中に感電）

●１級障害　１億6,524万円（つり荷が落下し被災）

●１級障害　8,323万円（開口部より墜落、過失相殺10％）

●５級障害　3,732万円（つり荷と荷台の間に挟まれる）

●11級障害　589万円（右示指挫滅の障害：過失相殺20％）

➡法定外補償保険だけでは、足りない場合が多い。使用者賠償責任保険も必要。

ここがポイント

●使用者賠償責任保険はどれくらいの金額が妥当か？

➡保険会社のホームページを見ると『１災害につき10億円、１名につき３億円』が限度額だが、保険料との兼ね合いもあり、一般的には以下の金額が妥当だと考えられている。

・『１災害につき３億円、１名につき２億円』

（この金額以下でも設定は可能。上記の高額示談金例を参照のこと。）

25 クレーン事故は自賠責保険から給付可能？

自賠責法における「運行」とは、第２条で定められているとおり、自動車の走行中だけではなく、駐停車中も含まれるとともに、自動車に構造上設備されているすべての装置を本来の目的にしたがって使用する場合、例えばクレーン車のクレーン操作中等も、「運行」と解釈されている。

自賠責法第２条（定義）

この法律で「自動車」とは、道路運送車両法第２条第２項に規定する自動車（農耕作業の用に供することを目的として製作した小型特殊自動車を除く。）及び同条第３項に規定する原動機付自転車をいう。

２　この法律で「運行」とは、人又は物を運送するとしないとにかかわらず、自動車を当該装置の用い方に従い用いることをいう。

道路運送車両法第２条第２項（定義）

この法律で「自動車」とは、原動機により陸上を移動させることを目的として製作した用具で軌条若しくは架線を用いないもの又はこれにより牽引して陸上を移動させることを目的として製作した用具であって、次項（同条第３項）に規定する原動機付自転車以外のものをいう。

自賠責法第３条（自動車損害賠償責任）

自己のために自動車を運行の用に供する者は、その運行によって他人の生命又は身体を害したときは、これによって生じた損害を賠償する責に任ずる。ただし、自己及び運転者が自動車の運行に関し注意を怠らなかったこと、被害者又は運転者以外の第三者に故意又は過失があったこと並びに自動車に構造上の欠陥又は機能の障害がなかったことを証明したときは、この限りでない。

ここがポイント

- **クレーン車に限らず**、公道を走ることのできるコンクリートポンプ車、フォークリフト等も同様。
- フォークリフトが**公道を走るには必ず自賠責保険に加入**しなければならないが、**構内専用車である場合は**自賠責保険に入る**義務はない**。
- 自賠責保険が満額支払われたとしても、実際に被害者から請求される損害賠償額を賄いきれないパターンが多くある。その金額を補完する意味で、保険会社が自賠責保険の補償金額を超えた部分の賠償金を支払うものが任意保険となり、多くの場合、任意保険に加入しているため、それを使うことができる。
- 自賠責法における「他人」とは、運行供用者および運転者以外の者を指す。運行供用者および運転者以外であれば、配偶者や子等の家族も「他人」になる。
  ただし、任意保険は約款で「配偶者、子、父母」への対人賠償はされないと明記されているので注意が必要。

26 時効とは？

（1）労災保険の時効（期間・起算日）

保険給付の種類	期間	起算日
療養補償給付における療養の給付	現物支給で行われるため、療養の給付に時効はない。	
療養補償給付における療養の費用の支給	2年	療養の費用を支払った日ごとにその翌日
休業補償給付		休業の日ごとにその翌日
介護補償給付		介護を受けた月の翌月の初日
葬祭料（葬祭給付）		労働者が死亡した日の翌日
障害補償年金前払一時金		傷病が治った日の翌日
遺族補償年金前払一時金		労働者が死亡した日の翌日
障害補償給付	5年	傷病が治った日の翌日
遺族補償給付		労働者が死亡した日の翌日
障害補償年金差額一時金		障害補償年金の受給権者が死亡した日の翌日
傷病補償年金	被災者の請求によらず政府が職権で給付を決定するものであり、基本権の裁定について時効の問題を生ずることは考えられない。（昭和52年3月30日基発第192号）	

（2）労災上乗せ保険の時効

一般的に、事故から相当の時間が経過すると事故の調査等が困難となり、適正・迅速な保険金支払いができなくなるおそれがある。このため、保険会社の保険金支払義務は、3年を経過した時点で時効によって消滅するとされている。

保険金請求権の消滅時効の起算日は、保険法に規定が設けられていないので、民法の一般原則により判断することになるが、保険商品や保険金の種類等により異なるので、注意が必要である。

また、事故発生のときの保険会社への通知と同様に、保険金の請求についても失念しないよう、事故発生後、すみやかに行うこと。

（事故発生時の義務として、他の保険契約等の有無・内容を遅滞なく保険会社に通知すること等が約款で規定されているのが一般的である）

保険法第95条（消滅時効）

保険給付を請求する権利、保険料の返還を請求する権利及び第63条（保険料積立金の払戻し）又は第92条（保険料積立金の払戻し）に規定する保険料積立金の払戻しを請求する権利は、これらを行使することができる時から3年間行使しないときは、時効によって消滅する。

(3) 損害賠償請求の時効

	不法行為 民法第724条、第724条の2	債務不履行 (安全配慮義務違反) 民法第166条1項、第167条
改正前の民法 (～2020.3.31日)	損害および加害者を知った時から3年以内であり、かつ、不法行為の時から20年以内	権利を行使することができる時から10年間以内
改正後の民法 (2020.4.1～) ①損害賠償請求権一般 (②を除く) (例)事件・事故によって被害者の物が壊されてしまった場合	改正前と同じ	権利を行使することができることを知った時から5年間以内であり、かつ、権利を行使することができる時から10年間以内
改正後の民法 (2020.4.1～) ②人の生命または身体の侵害による損害賠償請求権 (例)事件・事故によって被害者がケガをしてしまった場合	損害および加害者を知った時から5年以内であり、かつ、不法行為の時から20年以内	権利を行使することができることを知った時から5年間以内であり、かつ、権利を行使することができる時から20年間以内

※権利を行使することができることを知った時とは、多くの場合「労災が発生した日」が該当する。ただし、後遺症等がある場合は、その後遺症が認定された日(通知を受けた日)が該当することもあり、「労災が発生した日」以外が該当する事例もある

民法

第166条(債権等の消滅時効)

債権は、次に掲げる場合には、時効によって消滅する。

1　債権者が権利を行使することができることを知った時から5年間行使しないとき。

2　権利を行使することができる時から10年間行使しないとき。

第167条(人の生命又は身体の侵害による損害賠償請求権の消滅時効)

人の生命又は身体の侵害による損害賠償請求権の消滅時効についての前条第1項第2号の規定の適用については、同号中「10年間」とあるのは、「20年間」とする。

民法

第724条(不法行為による損害賠償請求権の消滅時効)

不法行為による損害賠償の請求権は、次に掲げる場合には、時効によって消滅する。

1　被害者又はその法定代理人が損害及び加害者を知った時から3年間行使しないとき。

2　不法行為の時から20年間行使しないとき。

第724条の2(人の生命又は身体を害する不法行為による損害賠償請求権の消滅時効)

人の生命又は身体を害する不法行為による損害賠償請求権の消滅時効についての前条第1号の規定の適用については、同号中「3年間」とあるのは、「5年間」とする。

① 債務不履行における時効の経過措置

民法改正の経過措置は、「施行日前に債権が生じた場合におけるその債権の消滅時効の期間については、なお従前の例による」（附則：平成29年6月2日法律第44号第10条第4項）となっている。

したがって、債権発生の原因行為が施行日前に行われていれば、改正前民法が適用され、消滅時効期間は「権利を行使することができる時から10年間」となる。

債務不履行（安全配慮義務違反）で損害賠償請求する場合は、債務の発生原因である法律行為（雇用契約）であり、施行日（2020年4月1日）より前に雇用契約が締結されている場合は、改正前の民法が適用となる。

事例４　労災事故（債務不履行に基づく損害賠償請求権）

①　施行日前の２０１９年４月，雇用契約を締結し，勤務を開始した。

②　施行日後の２０２０年４月，勤務先の企業における安全管理体制が不備であったために勤務中に事故が発生し，傷害を負った。

③　施行日後の２０２６年４月，勤務先の企業に対して安全配慮義務違反を理由として損害賠償金の支払を請求した。

→　施行日後に損害賠償請求権が発生していますが，債権発生の原因である法律行為（雇用契約）は施行日前にされていますので，改正前の民法が適用され，「権利を行使することができる時から１０年間」で消滅時効が完成することとなります。今回の改正により，権利を行使することができることを知った時から５年間又は権利を行使することができる時から２０年間で消滅時効が完成することになりましたが，このルールは適用されません。

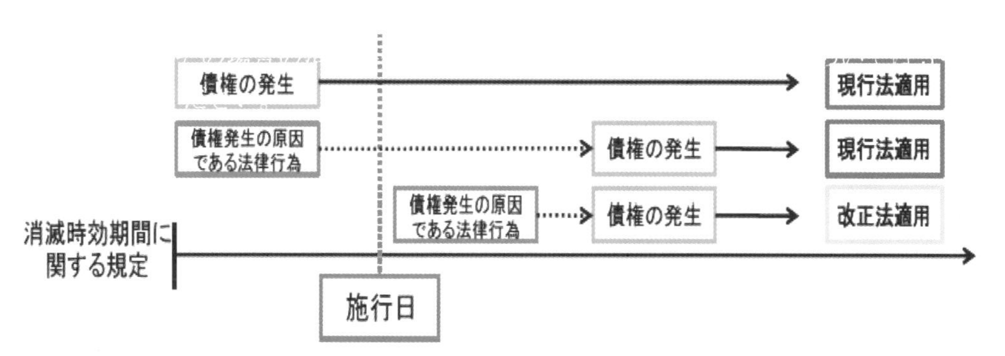

法務省ホームページ：民法の一部を改正する法律（債権法改正）について、経過措置に関する説明資料より

② 不法行為責任における時効の経過措置

2020年4月1日時点において改正前民法724条で規定していた「3年の短期消滅時効が完成していた場合や20年の除斥期間が経過していた場合」には、改正民法が適用されない。

また、2020年4月1日時点で3年の時効が完成していなかった場合には改正民法が適用され、5年の消滅時効になる。

【例外】（生命又は身体を害する不法行為に基づく損害賠償請求権の消滅時効の期間に関するルール）

生命又は身体を害する不法行為に基づく損害賠償請求権の消滅時効の期間については，施行日の時点で改正前の民法による不法行為の消滅時効（「被害者又はその法定代理人が損害及び加害者を知った時から３年間」）が完成していない場合には，改正後の新しい民法が適用されます。

事例５　交通事故によって負った傷害に関する損害賠償請求権

①　施行日前の２０１９年４月，相手方の不注意による交通事故で傷害を負った。

②　施行日後の２０２３年４月，加害者に対して，上記交通事故によって傷害を負ったことを理由として損害賠償金の支払を請求した。

→　生命又は身体を害する不法行為に基づく損害賠償請求権の消滅時効の期間については，施行日の時点で改正前の民法による不法行為の消滅時効が完成していない場合には，改正後の民法が適用されます。

２０１７年４月１日以降に「被害者又はその法定代理人が損害及び加害者を知った」場合には，施行日である２０２０年４月１日の時点で改正前の民法による不法行為の消滅時効が完成していませんので，改正後の新しい民法が適用され，被害者又はその法定代理人が損害及び加害者を知った時から５年間又は不法行為の時から２０年で消滅時効が完成することとなります。

・　**生命又は身体を害する不法行為に基づく損害賠償請求権の消滅時効の期間**

被害者又はその法定代理人が損害及び加害者を知った時点	時効が完成する時点
２０１７年３月３１日以前	知った時から３年（現行法適用）
２０１７年４月１日以後	知った時から５年（改正法適用）

※　これに加え，現行法・改正法のいずれにおいても，不法行為の時から２０年の権利行使期間の制限があります。

法務省ホームページ：民法の一部を改正する法律（債権法改正）について、経過措置に関する説明資料より

(4) 公訴時効

公訴時効とは、犯罪が終わった時から一定期間を過ぎると犯人を処罰することができなくなる（検察官が起訴することができなくなる）という定めのことをいう。

罪の種類		時効期間	具体的な罪
刑事訴訟法第250条1項 人を死亡させた罪であって禁錮以上の刑に当たるもの	下記以外の罪 ①無期の懲役または禁錮に当たる罪 ②長期20年の懲役または禁錮に当たる罪	10年	業務上過失致死罪
刑事訴訟法第250条2項 人を死亡させた罪であって禁錮以上の刑に当たるもの以外の罪	長期10年未満の懲役または禁錮に当たる罪	5年	業務上過失傷害罪
	長期5年未満の懲役若しくは禁錮または罰金に当たる罪	3年	安衛法違反（※） （労災かくしも含まれる）

※安衛法第115条の3（特定業務に従事する特定機関の役職員の賄賂等）については、時効期間は5年

ここがポイント

- 時効は、その種類によって、期間や起算日が異なる。
ここでは法令に基づいて記載しているが、経過措置や例外等もあるため、何事も早めに対応するとともに、関係先や弁護士等にもよく相談して対応すること。
- 労災保険の時効の起算日が「翌日」というのは、民法第140条（期間の起算：「日、週、月又は年によって期間を定めたときは、期間の初日は、算入しない」）による。
➡「期間の初日は、算入しない」＝「翌日起算」

書式サンプル集

(注意事項)
監督署へ提出する書類は、必ず２部作成し、１部は受領印を押してもらい、控えとして保管しておくこと。
(必要に応じて、所属会社や元請がそれぞれコピーを保管する。)
なお、どうしても所属会社と元請で保管したい場合は、３部作成し、２部は受領印を押してもらい、それぞれで保管することもできる。

私病（第一報）

○○○○年○月○日

○○労働基準監督署長　殿

○○建設株式会社○○支店
○○○○建設工事作業所
所長　○○　○○

報　告　書（私病の疑い）

日頃より格別の指導を賜り厚く御礼申し上げます。
今般、下記のとおり、私病と思われる事案が発生しましたのでご報告致します。

記

1．工事概要
工事名称　○○○○建設工事
施工場所　東京都○○区○○１－１－１
工　　期　着工○○○○年○○月○○日 ～ 竣工○○○○年○○月○○日
工事概要　Ｓ造、地下○階、地上○階

2．発生状況
発生日時　○○○○年○○月○○日（○曜日）
労働者名　○○　○○　（○○歳：○○○工）
所属会社　△△建設株式会社（２次）［□□建設株式会社（１次）］
症　　状　意識不明の重体（病状：心筋梗塞）
発生状況　○○

3．連 絡 先　○○○○建設工事作業所　担当：○○○○
（電話番号　　　　　　　　　　　　　）

以　上

① 心疾患・脳疾患の発症の場合は、下記に注意！
・直近６か月間の残業時間等の把握
→発症前１か月間に100時間または２～６か月間平均で月80時間を超える時間外の水準には至らないが、これに近い時間外労働＋一定の労働時間以外の負荷要因
・発症直前から前日までの間の勤務状況、発症前おおむね１週間の勤務状況
・直近の健康診断結果
② 私病であっても労働者死傷病報告書の提出を求められることがある（監督署へ確認が必要）。

交通事故（第一報）

○○○○年○月○日

○○労働基準監督署長　殿

○○建設株式会社○○支店
○○○○建設工事作業所
所長　○○　○○

交通災害報告書

日頃より格別の指導を賜り厚く御礼申し上げます。
今般、下記のとおり、交通事故が発生しましたのでご報告致します。

1．発生日時　○○○○年○月○日（月）　午前6時40分

2．発生場所　湾岸線高速道路　西行き方面　追い越し車線
新木場インター100ｍ程手前

3．工事概要　名　称：○○○○建設工事作業所
住　所：○○市○○区○○町○－○－○
工　期：○○○○年3月1日　～　○○○○年5月31日

4．被災者　氏名・年齢・所属会社
○○○○（運転手）（23歳）、○○○○（32歳）、○○○○（40歳）、
いずれも株式会社○○○○（2次業者）に所属
（1次業者：○○○○株式会社）　職種：鳶工

5．発生状況
社有車にて作業所へ車で向かう途中、湾岸線高速道路西行き道路にて6台の追突事故が発生した。2台目の車が何らかの理由で1台目に追突し、3台目から6台目の車が次々に追突していった。尚、当該車両は4台目を走行していた。

6．被災状況　いずれも軽傷（診断書添付）

7．連絡先　○○○○建設工事作業所　担当：○○○○
（電話番号　　　　　　　　　　）

以　上

- 業務災害か通勤災害かわからない場合は、交通事故報告として監督署へ報告する。
  →安全衛生課にて判断してもらう。
- 業務災害の場合で、かつ休業災害の場合は、後日、労働者死傷病報告書を提出する。（自賠責保険を使っても業務災害でかつ休業災害の場合は労働者死傷病報告書を提出する）

労災発生の事業主証明ができない場合の理由書

○○○○年○月○日

○○労働基準監督署長　殿

○○建設株式会社○○支店
○○○○建設工事作業所
所長　○○　○○

○○○○氏の労災申請にかかる事業主証明について

日頃より、安全衛生管理につきましてご指導を賜り、お礼申し上げます。

今般、○○○○氏にかかる療養補償給付たる療養の請求書の事業主証明の依頼がありましたが、以下の理由により事業主証明は致しかねます。

なお、下記の工事における就労等については下記のとおりです。

記

1．工事概要等について

工事名称：　○○○○○○○○○ビル建設工事
施工場所：　東京都○○区○○町○○番地
工　　期：　○○○○年○月○○日～○○○○年○月○○日
労働保険番号：　00-0-00-000000-001

2．上記作業所での就労状況について

就 労 日：○○○○年１月15日～16日（２日間）
就労時間：８：00～17：00
労働者名：○○○○（43歳：男性）
職　　種：土工（所属会社：○○○○（２次）、１次業者○○○○）

3．事業主証明が出来ない理由

４月○日、○○○○氏より当社に電話連絡があり、３か月前に○○○○○○○○○ビル建設工事で○○作業中に転倒して被災したので労災の証明をしてもらいたいと言われました。

これを受けて、関係者を集めて聞き取り調査をしましたが、現認者がおらず、事実関係を確認できませんでした。

また、昨日、○○○○氏に現場に来てもらい、現場で確認しましたが、発生場所や日時が定かでなく、○○○○氏が就労していた日に、主張するような作業を行った記録もありませんでした。

つきましては、当社としても、災害が発生した事実（作業内容、発生場所、日時）が特定できないため、事業主証明は致しかねます。

以　上

（担当　○○○○　03-000-0000）

難聴の事業主証明ができない理由書

○○○○年○月○日

○○労働基準監督署長　殿

○○建設株式会社　○○支店

○○○○部○○○○室

室長　○○　○○

○○○○氏の労災申請にかかる事業主証明について

日頃より、安全衛生管理につきましてご指導を賜り、お礼申し上げます。

今般、○○○○氏にかかる療養補償給付たる療養の請求書及び障害補償給付支給申請書の事業主証明の依頼がありましたが、以下の理由により事業主証明は致しかねます。

なお、下記の工事の施工実績はありますので、ご報告いたします。

記

1．工事概要等について

工事名称：　○○○○○○○○○○トンネル工事

施工場所：　○○県○○郡○○町○○番地地先

工　　期：　○○○○年○月○○日～○○○○年○月○○日

労働保険番号：　00-0-00-000000-001

2．○○○○氏の当該現場における作業従事について

当社では、労働者名簿および作業日報等を保存していないため、当該労働者が現場で就労していたかどうかは確認できません。

3．作業における騒音ばく露作業の有無について

当社においては記録がないため、当該労働者の作業が騒音ばく露作業であったかどうかわかりません。

以　上

(担当　○○○○　03-000-0000)

《参考文献》

◇労働調査会「安衛法便覧　令和４年度版」

◇労働調査会「改訂５版　労働安全衛生法の詳解」

◇労働調査会　朝倉俊哉「新版　建設業の安全衛生管理」

◇労働調査会　秋永憲一「労災事故と示談の手引　改訂新版」

◇労働調査会「改訂版　建設業で働く　職長・安全衛生責任者　能力向上教育テキスト」

◇建設業労働災害防止協会「新版　職長・安全衛生責任者　教育テキスト」

◇安全衛生情報センターホームページ「法令・通達」

◇厚生労働省法令等データベースサービス

◇労災補償関係リーフレット等
・労災保険給付の概要
・療養（補償）等給付の請求手続
・休業（補償）等給付　傷病（補償）等年金の請求手続
・障害（補償）等給付の請求手続
・遺族（補償）等給付　葬祭料等（葬祭給付）の請求手続
・介護（補償）等給付の請求手続
・労災保険における傷病が「治ったとき」とは

◇一般社団法人日本損害保険協会ホームページ「損害保険Ｑ＆Ａ」

◇東京海上日動火災保険（株）ホームページ「使用者賠償責任保険」

◇法務省ホームページ「民法の一部を改正する法律（債権法改正）について」

【著者プロフィール】

社会保険労務士。
大手建設会社で安全衛生・労務管理を25年以上にわたり担当。定年退職後、労務・安全のアドバイザーとして活躍している。労働安全衛生法や労働者災害補償保険法が得意分野で、雑誌の執筆や安全衛生教育・安全講話などに定評がある。
他の資格として、第一種衛生管理者、RSTトレーナー（労働省方式現場監督者安全衛生教育トレーナー）、新CFT講座（職長・安全衛生責任者教育講師養成講座）、年金アドバイザー3級他を取得している。

建設業
事故・災害発生時の対応ハンドブック

令和５年７月４日　初版発行
令和６年４月23日　初版第３刷発行

著　者　朝　倉　俊　哉
発行人　藤　澤　直　明
発行所　労　働　調　査　会

〒170-0004　東京都豊島区北大塚２－４－５
TEL：03-3915-6401
FAX：03-3918-8618
https://www.chosakai.co.jps/